主 编

董仁威

执行主编

黄继先　戚万凯

丛书编委会

董仁威　黄继先　黄鹏先　戚万凯

崔　英　廖弟华　彭万洲　邹景高

吴昌烈　叶　子　李建云　罗克美

邓　波　毛　君　余文太　黄　波

快乐
生活

U0305999

合素质启蒙

读物

戚万凯 董仁威 编著

APTIME
时代出版传媒股份有限公司
安徽教育出版社

图书在版编目（CIP）数据

快乐生活 / 戚万凯,董仁威编著. —合肥:安徽教育出版社,2013(2021.4重印)

(少年儿童综合素质启蒙系列读物 / 董仁威主编)

ISBN 978-7-5336-7449-6

Ⅰ.①快… Ⅱ.①戚…②董… Ⅲ.①生活—知识—少儿读物

Ⅳ.①TS976.3—49

中国版本图书馆 CIP 数据核字（2013）第 035617 号

快乐生活

KUAILE SHENGHUO

出 版 人:费世平
质量总监:何换生
策划编辑:杨多文
统筹编辑:周 佳
责任编辑:陈彩霞
装帧设计:袁 泉
责任印制:陈善军

出版发行:时代出版传媒股份有限公司　安徽教育出版社
地　　址:合肥市经开区繁华大道西路 398 号　邮编:230601
网　　址:http://www.ahep.com.cn
营销电话:(0551)63683012,63683013
排　　版:安徽时代华印出版服务有限责任公司
印　　刷:三河市嵩川印刷有限公司

开　　本:650×960　1/16
印　　张:10.25
字　　数:100 千字
版　　次:2014 年 4 月第 1 版　2021 年 4 月第 6 次印刷
定　　价:28.00 元

(如发现印装质量问题,影响阅读,请与本社营销部联系调换)

目录

黄香温席

香九龄，

能温席；

孝于亲，

所当执。

这是古代启蒙书《三字经》里讲的一个故事，也是古代二十四孝的故事之一。

东汉时期有个孩子叫黄香，家中生活很艰苦。九岁时，母亲去世了，黄香非常悲伤。他本就非常孝敬父母，在母亲生病期间，一直不离左右，守在病床前。母亲去世后，他对父亲更加关心、照顾，尽量让父亲少操心。冬天的夜里，天气特别寒冷，那时一般农户家里没有取暖设备，很难入睡。一天，黄香晚上读书时，感到特别冷，捧着书卷的手一会就冰凉冰凉的了。他想，这么冷的天气，父亲一定很冷，他老人家白天干了一天的活，如果晚上还不能好好睡觉，身体会吃不消。于是，小黄香为了让父亲少挨冷受冻，读完书便悄悄走进父亲房里，

给他铺好被，然后脱了衣服钻进父亲的被窝，用自己的体温温暖冰冷的被窝，等被窝暖了之后才招呼父亲睡下。

黄香用自己的孝敬之心，暖了父亲的心。黄香温席的故事，就这样传开了，街坊邻居人人夸奖黄香。人们想，这样孝敬父母的人，一定很爱自己的国家。黄香果然没让大家失望，长大后，被人们推举为当地地方官。后来，在黄香的带领下，家乡的日子越过越好。

千百年来，娃娃们都把黄香当榜样，孝顺生养自己的父母，报答父母的养育之恩！你是不是也应该像黄香一样孝顺父母呢？

1.你能讲述黄香温席的故事吗？

2.为什么要孝敬父母？

分果果

排排坐，分果果，

你一个，我一个。

小的留给自己吃，

大的留给弟和哥。

　　你知道孔融让梨的故事吗？这是古代启蒙书《三字经》里讲的一个故事。《三字经》里说："融四岁，能让梨；弟于长，宜先知。"

　　东汉鲁国有个叫孔融的孩子，十分聪明，也非常懂事。孔融有五个哥哥，一个小弟弟，兄弟七人相处得十分融洽。有一天，孔融的母亲买来许多梨。一盘梨子放在桌子上，哥哥们让孔融和最小的弟弟先拿。孔融看了看盘子中的梨，发现梨子有大有小。他不挑好的，不拣大的，只拿了一个最小的梨子，津津有味地吃了起来。父亲看见孔融的行为，心里很高兴，心想：别看这孩子刚刚四岁，却懂得应该把好的东西留给别人的道理呢。于是故意问孔融："盘子里这么多梨，又让你先拿，你为什么不拿大的，只拿一个最小的呢？"孔融回答说：

"我年纪小，应该拿最小的，大的留给哥哥吃。"父亲接着问道："你弟弟不是比你还要小吗？照你这么说，他应该拿最小的一个才对呀？"孔融说："我比弟弟大，我是哥哥，我应该把大的留给小弟弟吃。"父亲听他这么说，哈哈大笑道："好孩子，你真是一个好孩子，以后一定会很有出息。"后来，孔融成为我国东汉时期的大文学家。

　　在哥哥面前说自己是弟弟，该吃小的；在弟弟面前说自己是哥哥，应该爱护弟弟，把大的让给弟弟。你看，孔融是个多懂事、能谦让的孩子啊。

1. 你能讲述孔融让梨的故事吗？
2. 为什么分果子时要把小的留给自己？你办得到吗？

反哺之孝

小乌鸦,长大啦,

捉住小虫不吞下,

衔在嘴里飞回窝,

嘴对嘴儿喂妈妈。

我国民间流传的劝世良言——《增广贤文》中讲了一个乌鸦反哺孝敬爸爸妈妈的故事。乌鸦是又黑又丑的鸟,然而在中国许多抒情诗里,每每给乌鸦以赞美,如"寒鸦数点"、"暮鸦栖未定"。这是为什么呢?原来,是因为乌鸦有尊老、爱老、孝老的传统美德。

小乌鸦从懂事起就记得爸爸妈妈一直很忙碌,他们每天要飞到很远的地方,捉来肥嫩的虫子给自己吃。有时候,虫子捉得少了,爸爸妈妈宁可自己饿肚子,也要把小乌鸦喂饱。天冷了,下雨了,爸爸妈妈就轮流张开翅膀为小乌鸦遮风挡雨。在爸爸妈妈的呵护下,小乌鸦觉得幸福极了。渐渐地,小乌鸦长大了,他发现爸爸妈妈一天天变得苍老起来。小乌鸦心疼极了,心想,爸爸妈妈为我付出了那么

多，我要报答他们！于是，他开始偷偷地练习飞翔，练习捉虫。一天早上，爸爸妈妈刚要出门给小乌鸦捉虫，就被小乌鸦拦住了，小乌鸦说："爸爸妈妈，你们在家里好好歇着吧！我要报答你们的养育之恩！"不一会儿，小乌鸦捉来好几条虫子。他把一条条肥嫩的虫子送到爸爸妈妈的嘴里，就像他们当初喂养自己一样。乌鸦爸爸妈妈享受着"美味"，流下了幸福的眼泪。小乌鸦对此从不感到厌烦，每天都这样做，一直到爸爸妈妈年老体衰再也吃不下东西为止。

你看，长大成"人"后的乌鸦会去衔食物来喂自己的爸爸妈妈，你呢，更应该趁父母在世的时候，好好孝敬父母。

1.你知道什么是反哺之孝吗？

2.乌鸦反哺孝敬爸爸妈妈，你应该怎么做呢？

仪　表

面必净,发必理,

衣必整,纽必结。

头容正,肩容平,

胸容宽,背容直。

背后的故事

　　这是我国近代大教育家张伯苓爷爷办的南开学校的校训之一。"面必净,发必理,衣必整,纽必结。头容正,肩容平,胸容宽,背容直",就是说脸要洗干净,头发要定期理,衣服要整洁,纽扣要清洁,头要端正,两肩要齐平,胸襟要开阔,腰背要挺直。这是对一个人仪表形象方面的起码要求。

　　张伯苓爷爷有句名言:"强国必先强种,强种必先强身。"张伯苓爷爷是一个主张内外兼修的教育家,认为仪表反映着一个人的精神面貌,因此要求学生必须面净发理,衣整履洁。事实上,对仪表的严格要求看似是生活小事,而在当时被看成是一件关系到社会文明的大事。一个人仪态懒散,一个国家的国民蓬头垢面、精神涣散,这

样的精神面貌，又怎么能谈得上救国强种呢？张伯苓本人非常注重仪表，也要求南开学子注重自己的仪容仪表，希望年青一代从最基本的日常生活起居做起，焕发精神，进而为中华民族的振兴大业贡献力量。一衣不整，何以拯天下？

　　走进南开学校，你就会迎面看见一面大镜子，上面镌刻着四十个大字："面必净，发必理，衣必整，纽必结。头容正，肩容平，胸容宽，背容直。气象：勿傲、勿暴、勿怠。颜色：宜和、宜静、宜庄。"学校师生经过这里，都会很自然地停下来，对镜自我检查一番。所以，南开校园的学生都显得格外精神，朝气蓬勃，许多成为像周恩来一样仪表堂堂的一代英才。小朋友，请你对着镜子好好看一看，你是不是符合这四十个字的要求？

考考你

1.你能背诵仪表四十字要求吗？

2.你符合仪表四十字要求吗？

一张图画占垛墙

天天盼,夜夜望,
盼望大桥跨过江。
今天大桥通车了,
要给大桥画张像。
江面宽,大桥长,
一眼望去几里长。
小小画册画不下,
急得心里直发慌。

背后的故事

　　画画是小朋友们非常喜欢的一项活动,为什么小朋友们会喜欢画画呢?因为画画可以"无中生有",在一张什么图像也没有的白纸上随自己的想法变化出千姿百态的景象来,很有创造性。要画好画,就要先写生。写生是干什么?就是照面前的实物、景物画,将它们临摹下来,要画得像,这是画画的基础。写生多了以后,就会掌握各种景物、人物的画法,自己就可以凭着记忆和独特的创新将画画出来。全国著名儿童文学作家张继楼爷爷所作的儿歌《一张图画占垛墙》,讲的就是小朋友们面对长江大桥写生画画。

　　儿歌中的小朋友们面对"几里长"的跨江大桥,认为大桥太长,而一张画纸太小,画不下,怎么办呢?于是,张继楼爷爷在儿歌中写

出了答案:"你也想,我也想,人多想出好主张。一人只画一孔墙,接在一起长又长;桥也长,画也长,一张图画占垛墙。"你瞧,"一人只画一孔墙"、"一张图画占垛墙",不就解决了这一难题?

　　儿歌反映的是祖国各地日新月异的面貌,桥梁建设就是其中的重要方面。这些年,我国到处都在修路建桥,大桥、小桥一座连着一座,形形色色的立体交叉桥一会儿就冒出来一座。小朋友们,双休日或假期出门上图画课吧,给祖国日新月异的景色画个像,那真是棒极了。

1.为什么一张图画就占了一垛墙?

2.你愿意到野外写生吗?

不打架

小刚不小心，
踩了我一下。
我不把他骂，
也不把他打。
打骂都不好，
不是乖娃娃。

♪儿
·······
歌

背后的故事

在日常生活中，经常会有人一不小心踩了你一脚。这种情况大多发生在人比较多的公共场合，比如说拥挤的客车上、排队买票的时候、电影院里等。在奔跑或在公共场合打球、玩耍的时候，也可能会出现撞人这一情况。遇到这种情况，你该怎么办呢？首先就是不要发火。为什么呢？因为凡是出现这种情况，对方都不是故意的，都是不小心或紧张、慌张才发生的。因此，不要火冒三丈，这是没有修养的表现。而且，如果遇到蛮横无理的人，你一发火，还会发生口角，甚至会发生肢体碰撞，造成不必要的伤害。更严重的是，心理会受到更大伤害，几天都不愉快，做什么事都集中不了精神，影响学习和生活。

遇到这种情况，你应该怎么处理呢？让我来告诉你吧，你应该区

别情况来处理。如果是你不小心踩了别人一下，那么，你应该非常诚恳地说一声："不好意思，对不起，对不起。"这样，对方就知道你不是故意的，即使他心里不怎么高兴，也可以原谅你，不会发火。反之，如果是别人不小心踩了你一下，也对你表示了歉意，道了一声"对不起"，你也不必发火，要有点君子风度。要知道，忍让、宽容也是一种美德。忍让、宽容别人，就是忍让、宽容自己。

考考你

1.如果你不小心踩了别人一下，你会怎么办？

2.如果别人不小心踩了你一下，你会怎么办？

淘气的孩子不是我

我和弟弟玩游戏，
你追我打笑嘻嘻。
我不小心手一碰，
花瓶摔烂掉一地。
妈妈回来批评我，
她说我呀真淘气。
"淘气的孩子不是我，
那是弟弟摔烂的。"

背后的故事

　　这首儿歌讲的是这样一个故事："我"和弟弟玩游戏时，由于不小心，"我"将桌上的花瓶碰倒在地摔烂了。妈妈回家发现后，问是谁打烂的，"我"将责任推给弟弟，说是弟弟打烂的。这里的"我"，可能是哥哥，也可能是姐姐。儿歌没有写弟弟的反映，但我们可想而知，弟弟听到哥哥（或姐姐）说是自己摔烂的，一定会非常生气，因为哥哥（或姐姐）说假话。

　　小朋友，这首儿歌反映了一个问题。什么问题呢？诚实的问题。诚实是中华民族的传统美德，也是做人的一个起码原则。你看，这首儿歌里的"我"就不诚实。小朋友们经常会在一起做游戏，做游戏时一定要小心一点，不要把东西碰倒了、摔坏了。有的东西是非常值钱的,特别是收藏的一些古董之类,要是摔坏了,真的非常可惜。因此,一定要小心一点。当然,再怎么小心也有失手的时候,万一不小心摔坏了什么东西,就要如实告诉爸爸妈妈,承认自己错了,并表示以后做事一定会小心。你的诚实态度一定会得到爸爸妈妈的理解和原谅。如果你不告诉爸爸妈妈,而爸爸妈妈事后知道,就可能会对你有一个不好的印象。有的小朋友可能会说:告诉了爸爸妈妈,爸爸妈妈会打我的。如果是这样,还是要说的,因为你不小心摔坏东西不对,爸爸妈妈打你就更不对,是以"非"对"非"。你一讲道理,相信爸爸妈妈会认识到自己的错误而改正的。

1.儿歌里的"我"摔坏了花瓶,认错了吗?

2.花瓶摔烂了,"我"把责任推在小弟弟身上,对不对?

走路静悄悄

我要学猫猫，
走路静悄悄。
楼下张婆婆，
最怕人吵闹。
脚步咚咚咚，
吓得她心跳。
要是吓出病，
那可怎么好？

　　这首儿歌讲的是怎样处理好邻里关系。我们生活在这个世界上，总要发生一些邻里关系，特别是生活在城市里的人们，都要和左邻右舍、楼上楼下发生非常密切的关系。城市里楼房的墙壁、楼板都是与邻居共用的，墙这边是我家，墙那边是他家；我家的地板是楼下的天花板，我家的天花板是楼上的地板。谁家都不会是空中楼阁，不与其他家庭发生联系、交往。当然，有的小朋友会说：我家是独幢别墅，没有邻居。只是这种情况是很少的，是例外。

　　处理好邻里关系，是家庭美德，也是社会主义精神文明建设的重要表现。从个人方面来说，处理好了邻里关系，可以使自己生活在一个非常和谐、温馨的环境里。俗话说得好："远水难救近火，远亲不如近邻。"邻里之间要相互关照,相互帮助,相互关心,要照顾他人情绪,设身处地为他人着想。比如走路,就要学猫猫,脚步要轻,因为像张婆婆那样年纪大、又有病的邻居最怕吵闹了。

有一个笑话,说是一个人经常半夜三更回家,一回到家,就脱下鞋子一扔,"咚"一声,再脱下另一只一扔,"咚"一声。楼下住户习惯了,听到两声"咚"就睡着了。一次,楼上那人刚丢下一只鞋,"咚",马上意识到不对,就轻轻放下另一只鞋。楼下住户没听见第二声"咚",一直等着,倒失眠了。这说明了楼上的行为对楼下邻居的影响有多大。

考考你

1.走路要学谁?为什么?

2.走路为什么要静悄悄?

妈妈看书我不闹

我在床上蹦蹦跳，
边唱边跳乐陶陶。
妈妈灯下正看书，
我忙把嘴闭上了。
妈妈看书我不闹，
影响学习多不好。
我也拿本书来看，
妈妈对我点头笑。

背后的故事

　　这首儿歌反映了父母对子女良好的教育。玩耍是孩子的天性，有人说，不会玩的孩子不聪明，这有一定道理。因为玩耍要与人合作，合作是一种能力和水平；玩耍要动脑筋，对开发智力有好处；玩耍时开心愉快，对身心健康有好处。但是，玩耍要看时间和地点，时间、地点不对，就会影响他人的工作和学习。你可能会说，家是温暖的港湾，在家里玩耍总可以吧？在家玩耍当然是可以的，只是也要分情况。

　　一般家庭三口人，爸爸要上班，妈妈要工作；爸爸要增长知识，妈妈要陶冶情操，都要看书学习，继续"充电"。人不学习要落后啊。爸爸妈妈学习，需要一个安静的环境，环境安静，精力才能集中，学的知识才能记得牢，学习效果才好。如果妈妈在看书，而你在旁边打

闹,妈妈受你干扰,怎么学得下去呢?因此,今后凡是爸爸妈妈认真看书时,你就懂事一点,不要打闹玩耍。你可能会问,那我怎么办呢?你可以像爸爸妈妈一样,看看书啊。如果不看书,也可以画画或者捏橡皮泥等。总之,玩什么都可以,只是在玩的时候不要发出大的声音来,不影响爸爸妈妈看书就是了。爸爸妈妈有空或者休息的时候,就会和你一起玩耍,玩捉中拇指,玩骑马肩,玩积木,或给你讲故事、讲童话。一家其乐融融,多好啊。

考考你

1.妈妈看书需要一个什么样的环境?
2.如果妈妈在看书,你会怎么办?

爸爸睡觉我不吵

小花猫，不要叫，
再叫不给你吃饱。
爸爸上了深夜班，
回到家里正睡觉。
爸爸睡觉我不吵，
我也不许你吵闹。
我来写字又画画，
小猫小猫快来瞧。

背后的故事

　　这首儿歌也反映了父母对子女良好的教育。一家三口，爸爸是一家之主，为了养家糊口，为了多挣钱供我们穿衣吃饭、上学读书，天天要起早贪黑、早出晚归工作、劳动，是非常辛苦的。爸爸是家中的顶梁柱，要是爸爸不上班挣钱，家里的开支就要受影响，花钱就有困难。有的爸爸是白天上班，晚上休息；有的爸爸则是晚上上班，白天休息。爸爸上了夜班特别是深夜班后，特别困，特别累，需要好好地休息。如果休息不好，第二天就没有精力上班，工作效率就不高。如果实行的是计件工资，做的多得的多，做的少得的少，做少了就会影响工资。而且更加严重的是，如果精力不好，从事的又是危险的工作，一不小心，就会发生意外事故。我们有时会听到某某工厂发生某

人的手被搅拌机搅坏了手，有可能就是这一原因。如果真是因为我们玩耍打闹影响了爸爸休息，使爸爸上班造成了事故，那我们会多后悔呀。

因此，爸爸在家睡觉时，你千万不要吵闹，不要大声喧哗，不要影响爸爸休息。小花猫不知道这一点，喵喵乱叫，这会影响爸爸休息。因此，叫小花猫不要乱叫，体现了"我"对爸爸的关心，反映了子女对爸爸的一片孝心。那么，这时"我"该做些什么呢?写字、画画、看书，或者玩一些不会发出声音的小游戏，只要不影响爸爸休息就行。

考考你

1.为啥你不要小花猫喵喵叫?
2.爸爸睡觉的时候,你会做什么?

"小寿星"的生日晚会

小刚刚,满七岁,
家里开个小晚会。
爸爸唱,妈妈跳,
点上蜡烛小刚吹。
"谢谢妈妈养育我,
谢谢爸爸多教诲。
长了一岁要更乖,
不让爸妈流眼泪。"

背后的故事

　　从我们出生的那一天算起,满一年就是一周岁。我们每个人都要过生日,只不过过生日的方式不一样罢了。有的小朋友是在家里过生日,有的小朋友是到外边旅游过生日;有的只是和爸爸妈妈爷爷奶奶一起过生日,有的还要请小伙伴、小同学一起过生日。无论哪种方式都是可以的,但必须勤俭节约,不能奢侈浪费。

　　小朋友,我们为什么要过生日呢?第一种说法是:庆祝生命的延续和兴旺。第二种说法是:对母亲赋予生命的感激。俗话说:"儿的生日,娘的苦日。"抛开十月怀胎不说,当一个生命来到这个世界时,孩子的母亲必须要忍受巨大的生理和心理痛苦,因而在民间还有一种说法,认为过生日的本义就是要"哀哀父母,生我劬劳"。"劬"就是

劳苦、辛苦的意思，希望通过过生日来追忆母亲临产及分娩时的痛苦，体会父母哺育儿女的艰辛。第三种说法是：消灾驱邪。有一个民间传说，说有个少年突然得了一种不知名的重病，是路过此地的八仙治好的。临别时八仙告诉他："今日是你再生之日，此后每年今日予以庆祝，定可长寿。"消息传开后，过生日办酒、请客逐渐成为一种习俗，祈求消灾祛病、来年平安。三种说法，我们经常提起的是第二种。爸爸妈妈等长辈为自己健康成长花了不少心血，因此，过生日的时候，要从心底感谢长辈特别是爸爸妈妈的养育、教诲之恩。每过一次生日，就表示我们又大一岁了，大一岁了就要更懂事了，更乖了。

1. 在生日宴上，你要感谢爸爸妈妈什么？
2. 大了一岁你要怎样做？

小嫦娥

小嫦娥，真活泼，
会跳舞，爱唱歌。
妈妈回家她问好，
爸爸进屋忙让座。
小手脏了自己洗，
袜子换了自己搓。
人见人爱个个夸：
乖娃娃，小嫦娥！

　　说到嫦娥，人们自然会想到神话传说"嫦娥奔月"中的嫦娥。传说嫦娥也叫姮娥，神话中的人物，是后羿的妻子。她美貌非凡，后飞天成仙，住在月亮上的仙宫。据说后羿与嫦娥开创了一夫一妻制的先河，后人为了纪念他们，演绎出了嫦娥飞天的故事。我们这里讲的小嫦娥，可不是神话中的嫦娥，而是现代生活中的一个小姑娘，只是名字也叫嫦娥。

　　读了儿歌《小嫦娥》后，你有什么感想呢？你一定会说："小嫦娥非常懂事，真乖！"对，小嫦娥就是个乖孩子。那我问你，她哪些方面乖呢？答不上来也没有关系，我们一起来数一数吧。第一，小嫦娥性格脾气很好。为什么这么说呢？因为她活泼开朗热情，这是好的性

格。第二，小嫦娥热爱学习，非常聪明，老师教的歌舞她都会。第三，小嫦娥讲文明，懂礼貌，尊敬老人。爸爸妈妈下班回家，她又是问好又是让座。第四，小嫦娥讲卫生，"小手脏了自己洗"。第五，小嫦娥热爱劳动。虽然小嫦娥力气小，不能洗大件的衣服裤子，但她的袜子、毛巾等小东西，都是自己主动搓洗。这样的孩子，谁不夸奖呢！

　　小朋友，你愿意做一个乖孩子吗？和小嫦娥对比一下，看看她有的优点你有没有？如果没有，就要虚心地向她学习，做一个人见人爱的好孩子。如果你比她还要强，那就继续保持和发扬哦。

1. 你愿意做个像小嫦娥一样乖的孩子吗？
2. 和小嫦娥比一比，你是否超过了她？

父母呼,应勿缓

爸爸在叫我,
我不答应他;
妈妈在呼我,
半天才回答。
爸爸和妈妈,
都是我错啦;
你们再叫我,
我要马上答。

儿
……
歌

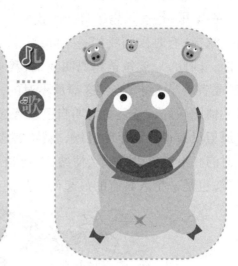

背后的故事

《弟子规》中有四句话:"父母呼,应勿缓;父母命,行勿懒。父母教,须敬听;父母责,须顺承。"

第一句"父母呼,应勿缓"的意思是:父母叫你的时候,你要赶紧答应,不可慢吞吞心不在焉,迟缓不答。父母呼唤子女做什么?主要是对孩子进行教导与叮嘱。如告诉其要有礼貌,在长辈面前别张扬、别逞能,时刻彬彬有礼、长幼有序。说话时讲究方法,切莫冲动。要忠诚和感恩,滴水之恩当涌泉相报,别把怨恨记在心头。说话以诚信为先,说到做到,一言九鼎。不知道的别瞎说,没看见的别乱讲,无把握的不要轻易许诺。合乎义理的事情一旦决定下来就马上去做,别耽搁时间。看见他人的优点和善行要学习,看见别人的缺点要提

醒自己不要效仿。不要总喜欢听别人的夸奖而得意忘形，要勇于面对他人指出的不足，并诚恳接受。

　　在家里，爸爸妈妈经常会叫我们。有时候叫我们做事，有时候叫我们吃饭，有时候问我们一些问题，总之，爸爸妈妈都是有事才叫我们的。因此，只要爸爸妈妈叫我们，我们就应该马上回答，不要不答应，或者老半天才答应，这都是不对的。可能还有这样一种情况：如果心情比较好，爸爸妈妈叫自己就答应得比较快；不高兴的时候或者愿望没有得到满足的时候，就不答应或者答应得不快了。这也是不对的。不论自己有什么情绪，都应该马上回答，这是对爸爸妈妈的尊重，也是一个人具有的最起码的品德。

1.爸爸妈妈叫你，你半天才答应，对不对？

2.今后爸爸妈妈叫你，你能马上答应吗？

吹牛皮的下场

青蛙叫呱呱，
吹它比牛大。
只要鼓起肚，
牛儿也害怕。
使劲鼓呀鼓，
肚子爆开花。
不要吹牛皮，
吹牛害自家。

背后的故事

　　"吹牛皮"是我国民间常用的俗语，意思是"说大话，夸口"。那么，这一俗语及其用法是怎么来的呢？农村杀猪时，血放完了以后，为了让猪皮与猪肉分开，屠夫会在猪的腿上靠近蹄子处割开一个小口，用一根钢钎插进去捅一捅，然后把嘴凑上去使劲往里吹气。吹气时，一边吹一边用一根木棒顺着吹气的方向敲打，以帮助气流扩散。换气时要把气口用手捏死以防露气，吹一口捏一下，直到猪全身都膨胀起来。这样，剥皮的时候就会很方便，用刀轻轻一拉，皮就会自己裂开。而杀牛的时候，屠夫极少用这种方法，因为牛体形庞大，皮很坚韧，皮下脂肪又少，要把整头牛吹胀起来，必须有极为强健的横膈肌和巨大的肺活量，非常人所能为。因此如果有人说他能吹胀一

头牛,大家一定会怀疑这话的真实性。于是谁要是说他能吹牛,那他极有可能在说大话。

儿歌讲了一个青蛙吹牛皮的故事。青蛙本来个子不大,可是它非说自己比牛大,说只要自己一鼓起肚子,牛儿也怕它。别人不相信,它就使劲鼓肚子。结果呢?肚子鼓得太大了,爆开了,自然就活不成了。这多可怕呀!在现实生活中,有些小朋友就像这只青蛙一样,喜欢吹牛皮。吹牛皮是不诚实的表现,是虚荣心在作怪。小朋友们要记住,我们说话、做事都要实事求是,不要虚假,千万别学青蛙吹牛皮。

1.青蛙吹牛皮的下场是什么?

2.今后你学不学青蛙吹牛皮?

送　伞

妈妈买菜去市场，

忽然大雨从天降。

我打电话快联系，

雨伞送到妈手上。

两人同打一把伞，

伞下两张红脸庞。

背后的故事

　　雷阵雨是一种天气现象，表现为大规模的云层运动，比阵雨要剧烈得多，还伴有放电现象，常见于夏季。雷阵雨来时，往往会出现狂风大作、雷雨交加的现象。大风来时飞沙走石，掀翻屋顶吹倒墙，风雨之中，街上的东西随风起舞，到处都是，甚至还会有大树被连根拔起。阵雨则要好得多，只有雨没有雷。

　　儿歌说的故事就发生在阵雨产生的时候。天气就像小孩的脸，说变就变，特别是在夏天，刚刚还是晴朗的天，一会儿就下起大雨来了。如果恰好在这个时候，妈妈去买菜又没带雨伞，可能还在路上，怎么办呢？如果妈妈给雨淋湿了，那浑身多不舒服呀。如果再不注意的话，还容易感冒生病，多不好啊。这时候，就需要家里人为她送伞。

要送伞，就要先弄清楚妈妈在什么地方，是在菜市场，还是在路上。如果我们不清楚妈妈具体在什么地方，伞要送到什么地方去？要是错过了就没有达到目的。所以，我们可以主动打电话给妈妈，问她在什么地方、伞送到何处。当然，如果下的是雷阵雨，天上电闪雷鸣，那就非常危险，可以暂时不送，叫妈妈先找地方躲着，或者让爸爸或其他大人去送伞。因为安全问题与其他问题比起来，是最重要的。

1.妈妈出门在外突遇下雨，你会给妈妈送伞吗？

2.送伞之前，你要先弄清楚哪些情况？

我是爷爷的活拐棍

有个爷爷是盲人，
要过大街好担心。
大街来往汽车多，
没人帮他怎么行？
爷爷我来送送您，
我是您的活拐棍。
扶着爷爷过大街，
爷爷点头笑盈盈。

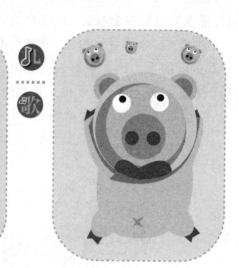

背后的故事

拐棍，原指走路时拄的棍子（手拿的一端多是弯曲的），是一种行走辅助工具，现也常用来比喻作为借助力量的人或事物。老年人出门，一般喜欢带着一根拐棍，这样走路，可借助拐棍的力量减轻腿的压力，稳步行走。随着科技的发展，人们又发明了多功能拐棍，简单的有拐棍加上小座椅，老人走累了可以坐一下；复杂的集收音机、助听器、照明灯、充电器于一身。使用者夜间走动有照明灯，听力下降有助听器，户外活动可打开收音机，累了可以扶在拐棍上休闲喘息。拐棍可伸缩又便于携带，有效地解决了老龄群体的诸多不便。

我们生活的这个世界是温暖的。之所以温暖，是因为大家充满了爱心。比如说有一个老人走路不便，我们会去扶他，当他的活拐棍。

特别是一个盲人爷爷要过大街，而大街上汽车很多，没有健全人的帮助，这是多么危险啊。因此，凡是看见盲人要过街，我们应该主动上前，把他从斑马线上扶过去，当他的活拐棍。

小朋友们，今后看见盲人，凡是他有困难的地方，我们都应该伸出一双援助的手。比如说盲人行走时，如果他面前有电线或者横沟拦着，就要主动上前，提示他，帮助他安全走过电线，跨过或绕过横沟，使他不被绊倒，发生意外。

考考你

1.盲人过街危险吗？
2.遇见盲人过街时，你会怎么办？

吵醒弟弟要你抱

小弟弟,在睡觉,

咧开小嘴嘿嘿笑。

小刚刚,在打闹,

追得鸡飞狗狗跳。

别闹别闹快别闹,

吵醒弟弟要你抱。

　　人需要睡眠来保持精力,特别是小娃娃。据了解,年龄越小,需要的睡眠时间就越长:新生儿平均每天要睡 18~20 小时,除了吃奶之外,几乎全部时间用来睡觉;2~3 个月时睡 16~18 小时;5~9 个月时睡 15~16 小时;1 岁左右睡 14~15 小时;2~3 岁睡 12~13 小时;4~5 岁睡 11~12小时;7~13 岁睡 9~10 小时。睡眠不足会对儿童的新陈代谢、活动与饮食习惯产生负面影响,容易导致儿童肥胖。

　　2008 年 2 月,我国首次发布关于家庭教育和农村留守儿童的调研报告。国家有关文件提出,要保证小学生每天睡眠 10 小时、初中生 9 小时、高中生 8 小时。但此次调查发现,各年龄段儿童的睡眠时间均未达到我国规定,都差了半小时到 1 小时。调查还显示,我国三

分之二的儿童没有午睡的习惯或条件。

　　人睡觉不但要保证时间,睡眠质量还要好,不做噩梦,睡觉中也不会被声音惊醒。如果梦中被惊醒,娃娃会大声地哭个不停,一时半会儿停不了。因此,当小娃娃睡觉的时候,你一定记着不要打闹,不要把小娃娃闹醒。如果闹醒了,要你抱他,把他哄好,你行吗?有时候,你在院里玩耍,追追打打,不知道邻居家里的小孩子在睡觉,当邻居告诉你小孩子在睡觉时,你应该马上停下来,不再打闹。

考考你

1.小弟弟睡觉时,你该不该在旁边打闹?

2.当别人告诉你小弟弟在睡觉时,你该怎么办?

守 时

钟和表,三根针,
分工合作责任明:
时针准时来报点,
分针也不差毫分,
秒针虽然忙又累,
从不站住停一停。
守时守信诚为本,
人人信赖三根针。

儿
歌

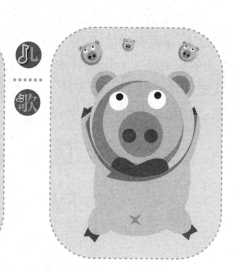

背后的故事

要守时,我们就要先来认识一下钟和表等计时器。计时器上都有三根长短不一的针:时针、分针和秒针。三根针中,最短的叫时针,最长的叫秒针,不长不短的叫分针。秒针是指时钟上面以秒为单位移动的指针,它走得最快,走时还要发出响声,每走一圈为1分钟;分针是指时钟上面以分为单位移动的指针,它走得不慢不快,不注意看不见它走动,每走一圈为1小时;时针是指时钟上面以小时为单位移动的指针,时针走得最慢,人的肉眼根本看不见它走动,每走一圈为12小时。如果用一个公式来表示,就是:1小时 =60分 =3600秒。

钟,一般较大,可以分几种:挂钟、闹钟、座钟、落地钟、摆钟等。

表,则是戴在手上的,方便外出查看时间。钟表是计时工具,现代人没有谁离得了钟表。早上起床,要看钟表;吃饭、上班、上学、睡觉……也要看钟表。如果谁上学迟到了,老师会说:"你没有看时间吗?"人们对钟表的信赖,已到了天经地义的程度。为什么钟表会有这么大的权威性呢?因为钟表一贯准点报时。一句话,钟表诚实、守信,无论你多忙或者多么无聊,它走的速度都一样,不会像人一样会偷懒,会变化,一会快一会慢。

考考你

1.请举例说明钟表的诚实、可信之处。

2.诚实、可信有什么好处?

勤俭持家

爷爷有把旧雨伞，
竹片破损木把弯。
我劝爷爷买新伞，
爷爷摇头不肯换：
富裕莫忘"老朋友"，
勤俭持家心不变；
若没爷爷这把伞，
哪能生存到今天！

儿
......
歌

背后的故事

　　勤俭持家是以勤劳节约的精神操持家务之意,出自巴金《谈＜秋＞》:"钱不够花,也不想勤俭持家,却仍然置身在亲戚中间充硬汉。"

　　有一个《房梁挂钱》的故事:唐宋八大家之一的苏轼21岁中进士,前后共做了40年的官,做官期间他总是注意节俭,常常精打细算过日子。公元1080年,苏轼被降职贬官来到黄州。由于薪俸减少了许多,他穷得过不了日子,后来在朋友的帮助下,弄到一块地,便自己耕种起来。为了不乱花一文钱,他还实行计划开支:先把所有的钱计算出来,然后平均分成12份,每月用一份;每份中又平均分成30小份,每天只用一小份。钱全部分好后,按份挂在房梁上,每天清晨

取下一份，作为全天的生活开支。拿到一小份钱后，他还要仔细权衡，能不买的东西坚决不买，只准剩余，不准超支。积攒下来的钱，苏轼把它们存在一个竹筒里，以备意外之需。

　　勤俭持家是老一辈给我们留下的传家宝，正因为有了老一辈的勤俭持家，我们才有了今天的幸福生活。可小朋友们大多不懂这个道理，衣服还没穿几次就不想穿了，嚷着要买新衣、穿名牌；鸡蛋、牛奶不想吃，食堂到处是丢弃的馒头、包子和只吃了几口就倒掉的饭菜。这些行为和老一辈的优秀品质比起来，真是差得太远了。

1.爷爷勤俭持家的思想好吗？

2.你会怎样向爷爷学习？

拒绝诱惑

商品社会，
鱼龙混杂；
诱惑多多，
不请自来。
抵挡不了，
就会变坏；
守身如玉，
方能成才。

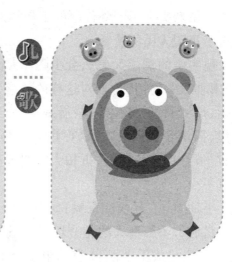

背后的故事

　　行走于这个五光十色的世界，太多的色彩和绚丽扑面而来，令人彷徨。

　　有的人不懂得拒绝诱惑，如唐代大诗人李白。因为在诗歌上的造诣，李白小有名气，但他不满足，他的理想是进朝廷，做高官。豪华富贵的诱惑，谁不会为之动心？终于，李白有了机会，"仰天大笑出门去，我辈岂是蓬蒿人！"但结果如何呢？终因为他的放浪不羁，被唐玄宗赐金放还，后来只能游走世间，终日与诗酒为伴。

　　有些人就懂得拒绝诱惑，如设计修建了我国第一条铁路的著名铁路工程师詹天佑。当初詹天佑留学海外，因成绩优秀被国外大公司承诺重金聘用，可以为他提供一切先进的技术条件，但詹天佑拒

绝了,不是因为诱惑不够大,而是因为他心中装着祖国。虽然近代中国各方面都很落后,但他毅然回国,担起了科学兴国的重任。他拒绝诱惑,虽然失去了国外优厚的工作待遇和优越的生活条件,但是他赢得了祖国人民的赞誉。

现实中的诱惑又怎么会少呢?大街上随处可见"五折优惠"、"购物抽奖"的招牌。面对这样的诱惑,很多人为之心动。城市里、小镇上,灯红酒绿,好生热闹;游戏厅外,有人劝你进去玩个痛快;娱乐场里,摇滚音乐震天响,诱你进去凑热闹;摇头丸,有人劝你买颗尝尝;广告打得天花乱坠,折扣大得叫人心慌;算命、赌钱,坑蒙拐骗的事真不少。

小朋友,千万要注意呦:走到街上,要多长几个心眼儿,不与陌生人搭腔,不信商人的花言巧语,不与不三不四的人打交道。要知道,"一失足成千古恨",有的事做错了后悔都来不及。只有抵挡住社会上各种不良事物的诱惑,才能成才。

1. 你受过不法商人的诱惑吗?

2. 为什么只有抵挡住社会上各种不良事物的诱惑才能成才?

弹　簧

弹簧圈，

真坚韧，

压迫千次不屈服，

拉扯万回不延伸，

永远保持一个样，

坚守岗位不变形。

　　弹簧圈小朋友们可能都见过，是机器中一个最平凡最常见的零件，手电筒、小童车、大汽车中都有，大多用来防震。火车底下有许多特大的弹簧圈，是用优质钢材做成的，所以能经受千万次沉重的压力，时而拉长，时而压缩而不变形。这就是弹簧圈的坚韧的"品质"。我们小朋友也要像弹簧圈一样坚韧不拔，不怕困难和挫折，保质保量完成学习任务。

　　坚韧不拔：坚，就是坚定；韧，就是柔韧。形容信念坚定，意志顽强，不可动摇。宋代苏轼《晁错论》说："古之立大事者，不惟有超世之才，亦必有坚韧不拔之志。"

　　有这样一个故事：西晋文学家左思少年时读了张衡的《两京

赋》，受到很大的启发，决心将来撰写《三都赋》。陆机听了不禁抚掌而笑，说像左思这样的粗俗之人，居然想作《三都赋》这样的鸿篇巨制，简直是笑话，即使费力写成，也必定毫无价值，只配用来盖酒坛子。面对这样的羞辱，左思矢志不渝。他听说著作郎张载曾游历岷、邛(今四川)一带，就多次登门求教，以便熟悉当地的山川、物产、风俗。他广泛查访了解，大量搜集资料，然后专心致志、奋力写作。在他的房间里、篱笆旁、厕所里到处放着纸、笔，只要想起好的词句，他就随手记录下来，并反复修改。左思整整花费了十年的心血，终于完成了《三都赋》。对此，陆机在惊异之余，佩服得五体投地，只得甘拜下风。

认准行动目标，不为外人所动，坚持就是胜利，挺住就是一切。

考考你

1.弹簧圈有什么优点？

2.你要怎样锻炼自己坚韧不拔和不怕困难的品质？

坐有坐相

有个小孩叫洋洋，

上课时间不听讲，

老师让他坐端正，

东倒西歪趴桌上。

胸要挺起勿佝偻，

谨防长成驼背羊。

背后的故事

　　俗话说："站有站相，坐有坐相。"没有坐相，没有站相，就是四不像。这说明，在人们的日常生活里，确实存在着另一种语言，这就是无声的体态语。体态语对于文明人来讲十分重要。先说站态。男性或者女性，在站着的时候，不要叉开双腿，也不要放松四肢。一般来说，站着的时候，一条腿用力多一点，另一条腿用力小一点，形成一种稳定。人们所说"站如钟，行如风"，就是说站着的时候，重心的稳定是一个人性格坚定的体现。再说坐态。一个人坐着的时间总比站着的时间多，因此坐态在人类生活中占了很大的分量。第一，无论男女，坐的时候都不能把双腿叉开，这是不文明的体态。第二，不要随便架二郎腿，显得自己不庄重。第三，不要架着二郎腿的时候抖动自

己的脚尖。

　　小朋友年纪小，正是长身体的时候，如同一棵小树，要它弯曲就弯曲，而大树是弯曲不了的。因此，小朋友坐的时候要特别注意：上课听讲时，要两眼看前方，昂首又挺胸，不要趴桌上。否则时间久了，养成了坏习惯，脊椎骨就会弯曲，就会成驼背，很不好看。小朋友，要想不驼背，坐的时候注意坐相，好吗？

考考你

1.小朋友，上课的时候你是怎样坐的？
2.上课时，为什么不要趴在桌子上？

走路有走姿

一二一，一二一，
脚踏起来手甩起。
一二一，一二一，
头抬起来胸挺起。
一二一，一二一，
前后左右要看齐。
一二一，一二一，
读书学习要努力。

　　小朋友,你会走路吗?你一定会说,谁不会?我一岁多就会走路了。是的,但那只是会迈步,而走路是有走姿的,比如在学校上体育课时走队列与我们平时的走路就不一样。我们平时走路的走姿特别重要,因此从小就要学好,养成好习惯。因为,从一个人的走姿能看出其修养、气质、精神面貌和风度来。走路一阵风,昂首又挺胸,两手自然摆,莫学老公公,也不要像有的人那样低头弯腰走路或者走路时东张西望,更不要故意做作。

　　走路姿势不对,也会对我们的身体健康造成影响。当我们很随意地走路的时候,可能会因为这些随意的细节影响我们的颈椎,影响身体骨骼的生长。

到底怎样才算正确的走路姿势呢？

正确地走路，上体伸直，身体的任何部位都不过于用力，心情舒畅，步伐轻松，英姿飒爽。但是说起来容易，做起来难：一是上体伸展。上体笔直，下巴前伸，高抬头，两肩向后舒展。二是伸直膝盖。展开膝盖，并非僵硬、不灵活，而是使伸直的膝盖在不受力的情况下行走。膝关节伸直了，步伐才会变大，因此大步走必须伸直膝盖。三是脚向正前方迈。上体伸展，膝盖伸直，走起来脚自然向前迈。

考考你

1.小朋友，你是怎样走路的？

2.正确的走姿是怎样的？

睡觉姿势

睡觉不要摆"大"字，
很不雅观要注意。
手放胸口不太好，
要做噩梦碍呼吸。
右边侧卧最最好，
平卧姿势也可以。
只是左侧莫睡久，
这对身体没有利。

背后的故事

　　古今很多医学家认为,无论男女老少,向右侧卧、身体轻微弯曲是最佳的睡姿。这主要是由人的生理结构推衍而来的。人的心脏位于胸腔左侧,胃肠道的开口都在右侧,肝脏也位于右侧,如果右侧卧的话,就可以减轻心脏的压力,心脏的压力小了,有利于血液搏出,增加胃、肝等脏器的供血流量。同时,右侧卧位时胃内食物较易流入十二指肠和小肠,因而有利于食物的消化吸收和人体的新陈代谢。另外,采用这种姿势睡觉,还可让全身肌肉在睡眠过程中得以放松,并能保证呼吸通畅,且能使心、肺和胃肠的生理活动降到最低限度。由于心脏不受压迫,肺脏呼吸自由,故能确保全身在睡眠状态下所需要的氧气供给,使大脑得到充分休息,改善睡眠质量。

一到晚上我们就要睡觉,所以睡觉要注意姿势,如果不注意,就会显得很不雅观,且对身体不好。睡觉的时候,手不要平举,双腿不要张开成一个"大"字形;双手放在胸口也不好,因为这样会压迫心脏,有可能做噩梦,影响休息。最好的睡觉姿势是向右侧卧,当然平卧也可以。右侧卧时双腿微曲,这样全身会得到放松,得到休息。为什么左侧卧睡觉不好呢?因为人的心脏在胸腔的中部稍偏左方,如果向左长时间侧卧,心脏受力大,会对心脏不利。这一点,我们睡觉时要注意。

考考你

1.最好的睡觉姿势是什么?

2.睡觉时哪些姿势不好?

笑

笑一笑，

十年少；

烦恼事，

都忘掉。

背后的故事

　　俗话说：笑一笑，十年少。笑是生活中必不可少的调节剂和兴奋剂，能有效地缓解来自生活、学习和工作中的疲劳与压力。

　　笑对人的健康是有好处的，因为笑是人们心情舒畅的反映。一笑，忧愁没了，病也就少了；一笑，脸上的肌肉放松了，也等于是在给脸做按摩。经常按摩，人当然就显得年轻了。因此说，笑一笑，十年少。可是，笑也要分时间、地点、场合。比如说，吃饭的时候就不要开怀大笑，因为这时候笑容易把食物吸进气管里，损伤气管和健康；在公共场合谈笑，也不要太大声，否则别人会认为你没有教养；看见熟人、朋友、同学，应该打招呼或点点头，同时要面带微笑。

　　笑能治病。马克思也这样说："一份愉快的心情胜过十剂良

药。"据说,清朝有一个秀才得了病,头痛、不爱吃饭,精神也萎靡不振。他吃了很多药,也没见效。有一天,秀才找来当地的一位老中医给他看病。老中医按脉良久,最后给他开了一张方子,让他去按方抓药。他赶紧来到药铺,递上方子。没想到卖药的人一看方子,哈哈大笑,说这方子是治妇科病的,名医糊涂了吧。秀才赶忙回来找那位名医,医生却早已经离开了。此后,秀才一想到自己竟被这位名医诊断为有妇科病,就忍不住哈哈大笑起来。他把这事说给家人和朋友听,大家也都忍不住乐。后来,他终于找到了那位名医,并笑呵呵地告诉他方子开错了。名医此时笑着说:"我是故意开错的。你是肝气郁结引起精神抑郁及其他病症,而笑,是我给你开的特效方。"这位秀才恍然大悟,因为这段时间他什么药也没吃,身体却好了。

考考你

1.哪些情况下不宜大笑?

2.拿别人的生理缺陷来取乐,对吗?

起　床

小褂褂,小裤裤,

都有几个小窗户;

小扣扣探出头,

夸我会穿衣服。

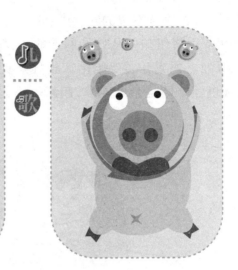

背后的故事

　　人为什么要穿衣服? 这是有原因的,因为人不像动物,身上长着毛,能靠身上的毛御寒,所以只能用衣服保暖,特别是在寒冷的冬天,更要穿上厚厚的棉衣。在寒冷的北方,人们一出门就把自己包裹得严严实实,只留一张脸。另外,衣服款式多样、花色繁多,穿上衣服,还能把人打扮得漂亮好看。所以,人穿衣服,主要有两个原因:一为保暖,二为漂亮,当然,还有遮羞的作用。不穿衣服是不文明的表现,所以,我们一定要穿衣服。

　　穿衣服是有学问的。小时候我们不会穿,长大了就要自己穿。自己穿衣吃饭,是有自理能力的表现。

　　大公鸡,喔喔唱起来了;闹钟,丁零零响起来了。该起床了,娃娃

翻身坐起来,妈妈要来帮娃娃穿衣服。娃娃说,我已长大,是小学生,要自己穿衣服。妈妈高兴地将衣服递给娃娃,娃娃把衣服摊开披到肩膀上,左手从左边的衣袖中钻出来,右手从右边的衣袖中钻出来,再用双手将纽扣儿从娃娃胸前的小窗户中探出头来。哈,娃娃穿上衣服啦。妈妈乐得笑哈哈,说娃娃真是个乖娃娃。爸爸进来看见了,也夸娃娃是个好娃娃,起床不用妈妈帮。

1.你知道穿衣服的诀窍吗?

2.你穿衣服需要别人帮忙吗?

刷 牙

饭后三分钟，
刷牙三分钟，
一天刷三次，
坚持莫放松。
口腔保护好，
龋齿不发生，
刷牙"三三三"，
牢牢记心中。

背后的故事

起床后最重要的事，除了洗脸，就是刷牙了。刷牙要讲方法。什么是正确的刷牙方法呢？就是竖刷法。

竖刷法，就是顺着牙齿生长的方向上下竖着刷，即上牙往下刷，下牙往上刷，上下牙列面来回刷。刷牙顺序是先刷外面，再刷咬合面，最后刷里面。先左后右，先上后下，先外后里，按着顺序里里外外刷干净。每个部位要重复刷 8～10 次，全口牙刷干净需 3 分钟。牙菌斑一般在牙缝深处，所以刷牙一定要顺着牙缝直刷，即竖刷，而两旁旋转刷。这样刷牙既不影响牙龈，又能把牙齿刷干净。

总之，刷牙要遵行"三三三"原则：即在饭后 3 分钟以内刷牙，每次刷 3 分钟，每天刷 3 次。

有一首儿歌唱道："小牙刷，手里拿，早晚都要刷一刷；脏东西，都刷掉，满嘴小牙白花花。"

歌曲《刷牙歌》歌词：妈妈说睡觉前不许吃苹果／为什么／小虫子会在牙齿上筑窝／真的吗／小虫子会是什么颜色／春天时小虫子会变蝴蝶么／妈妈说刷牙了才能睡觉的／为什么／好看的牙膏不也是甜的／那好吧，妈妈说的都是对的／开始吧／苹果是甜的／牙齿会疼的／虫虫太小了／张大嘴看不见的／牙齿是白的／轻轻地刷刷／张大嘴笑吧／会有蝴蝶飞出来吗。

1.为什么要刷牙？

2.怎样正确刷牙？

剪指甲

剪指甲,剪指甲,

指甲长了不卫生,

里面藏着小病菌,

钻进肚子要生病。

背后的故事

　　婴幼儿留长指甲有三个害处：一是指甲长了容易抓伤自己的皮肤,尤其脸面、耳朵,最容易被自己抓伤。二是长指甲容易藏污纳垢。婴幼儿有吸吮手指和用手直接拿东西吃的习惯,手指甲缝里的脏东西吸进嘴里后,往往会引起消化道疾病和寄生虫病(蛔虫病等),影响身体健康。三是长指甲容易劈裂,引起手指尖出血。长指甲还容易在穿衣服时钩住毛衣的线而扳伤手指。所以,给婴幼儿勤剪指甲非常必要。

　　由于婴幼儿的指甲特别薄弱,皮肤也非常娇嫩,再加上婴幼儿爱动,因此家长或阿姨给婴幼儿剪指甲时,要注意以下四点：

　　一要选择刀刃快、刀面薄、质量好的指甲剪给婴幼儿剪指甲,不要用剪刀,以免剪伤婴幼儿的手指尖。二要根据婴幼儿指甲生长的

快慢来剪指甲，一般一周剪一次即可。若发现指甲有劈裂，就要随时修剪。脚上的指甲一般较硬较厚，而洗脚后指甲自然变软，那时再剪就比较容易。三是婴幼儿只要醒着，就爱手脚乱动，因此一般在婴幼儿熟睡后修剪，就会安全多了。大一点的孩子，可以一面给他们讲故事，一面给他们剪指甲。四是给婴幼儿剪指甲时，动作要轻快，不要一次剪得太多太狠，以免疼痛。要剪得圆滑些，防止剪成带棱角的。剪完后家长要用自己的手抚摸一下，看看指甲断面是否光滑，如果不光滑，可用指甲剪上的小锉锉光滑。

有的小朋友不喜欢剪指甲，认为长指甲好看，这可能是受一些大人的影响。因为有些大人爱把指甲留得长长的，或者只剪四个，留下一个小指甲不剪，说这可以用来当"工具"。其实，这完全没有必要。长指甲会留下许多污物和细菌，用手拿食物时，这些细菌就会趁机钻进你的肚子，让你生病。另外，与同学做游戏时，长指甲还会抓伤同学。据报载，有个小学生在抹桌子时，由于指甲太长被抹布扯掉，发生了一场悲剧。

考考你

1.为什么要剪指甲？

2.给婴幼儿剪指甲时要注意哪几点？

吃　饭

早晨吃饭要吃好，

牛奶鸡蛋不能少；

中午吃饭要吃饱，

有荤有素营养好；

晚上吃饭要吃少，

撑坏肚子不得了。

背后的故事

　　早餐是早上起床后结束饥饿状态的第一次正式用餐，是一天中重要的一餐。儿童、青少年不吃早餐的现象在各国都很普遍。由于早晨时间紧、睡眠时间相对不足等原因，青少年往往忽略了早餐。而来自早餐的能量和营养素在全天的能量和营养素的摄入中占有重要地位，早餐所提供的营养素很难由一天中其他餐次来补充。不吃早餐或早餐食用不足会引起全天的能量和营养素摄入不足，还会造成某些矿物质，如钙、铁、磷、镁、维生素 B2、维生素 B12、维生素 A 等人体必需营养素摄入偏低。

　　不吃早餐对儿童、青少年的不利影响有：一是影响学习成绩。大脑的工作能量来自血糖，不吃早餐或早餐能量低，血糖浓度下降，脑

细胞得不到血糖供应，就会影响学习效率和成绩。二是营养摄入不足。严重者导致营养不良，引发贫血和其他营养缺乏症。三是导致肥胖。有些青少年指望不吃早餐来减肥，实际效果却相反。因为不吃早饭，故午餐前即出现强烈的空腹感、饥饿感，吃起饭来狼吞虎咽，不知不觉中吃下很多。多余能量在体内转化成脂肪，堆积于皮下，导致肥胖。四是会干扰消化系统，诱发胃炎、胆结石等消化系统疾病。所以我们要养成吃早餐的习惯。

娃娃早上起床迟了一点，来不及吃饭了，忙背起书包，从饭桌上抓了一个馒头就向学校跑。早上十点多钟后，娃娃就没精神了，老想打瞌睡。老师对娃娃说，让妈妈早上多做点好吃的给你吃，不然还不到吃午饭的时候，营养就跟不上了，能不打瞌睡吗？第二天早上，妈妈就按照老师说的办，给娃娃准备了一碗稀饭、一个包子、一杯牛奶、一个鸡蛋、一碟蔬菜。你猜怎么着？一上午娃娃的精神都好得不得了，不再打瞌睡啦！

考考你

1.为什么早饭没吃好上午就要打瞌睡？
2.早饭要吃些什么才能保证营养？

筷 子

弟兄两个一样高，
两个谁也离不了。
就像脚上一双鞋，
掉了一只就废了。
吃饭两个坐一起，
先尝菜味好不好。

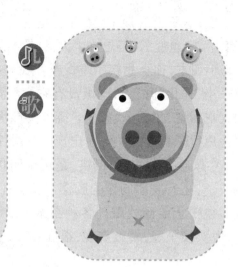

背后的故事

筷子是中国的国粹，它既轻巧又灵活，在世界各国餐具中独树一帜，被西方人誉为"东方的文明"。中国使用筷子的历史可追溯到商代，至少有三千多年的历史。关于筷子的名称，各个时代不同，先秦的时候叫"挟"，秦汉时期叫"箸"，隋唐的时候称"筋"。李白曾有诗句描写道："停杯投筋不能食。"直到宋代的时候，才有"筷"的称呼。

筷子的"筷"字是怎么发展演变过来的呢？它为什么叫做筷子呢。筷子这个词，在汉语里有关的读音有三个，字最少有六个，常见的是箸，一个竹字头加一个或者的"者"。明代有一部书里说，吴中（也就是现在的江浙）一带的土著，箸不叫箸，叫筷子。原因是江浙

一带的人撑船的多，船户人家撑船有很多讲究、很多忌讳，说这个"箸"跟"停住"的那个"住"字同音，撑船的人总想着一帆风顺，停住不走，这不就麻烦了吗？于是把这个"箸"改成"筷"，快快地走，发音变了，字也变了，还是竹字头，只是不是"者"，而是"快"了。

　　小朋友，你会用筷子吃饭吗？我们中国人吃饭大都用筷子，别看筷子小，作用却很大，吃饭没有它，就得用手抓。中国人吃饭不像外国人吃西餐，用刀子、叉子。筷子的形状大体一样，可种类有很多，一般是用竹子制成的。现在出现的一次性筷子，是用木片制作的。此外，还有金属筷子，如银筷，是用银制作的，用不锈钢制作的是不锈钢筷子，还有胶质制作的胶筷。随着社会的发展，还有一些匠人、艺人在筷子上绘画或雕刻各种图案，如狮、龙、凤等，取名为狮子头筷子、龙头筷子等，精致美观，很好看。

考考你

1.小朋友，你知道筷子有几种吗？
2.你家使用的是什么筷子？

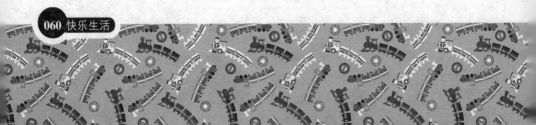

不挑食

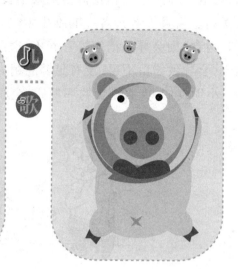

身体弱，睡眠差，

学习成绩往下滑。

都是挑食惹的祸，

营养不良真可怕。

蔬菜瓜果要常吃，

不忘肉类与鱼虾。

背后的故事

有一个故事：从前，在一片大森林里生活着一群快乐的小动物。有一只小白兔宝宝非常挑食，蔬菜一点也不吃，连看也不看一下。兔爸爸和兔妈妈对此束手无策，又很着急，因为兔宝宝是它们的"掌上明珠"，这挑食可怎么办呢。后来，聪明机智的小猴给兔爸爸出了一个好主意：兔宝宝非常喜欢听故事，可以把挑食的坏处编成小故事，一步步引导兔宝宝认识到挑食的坏处。兔宝宝听了之后不禁毛骨悚然，于是不管兔妈妈做什么菜，兔宝宝都会狼吞虎咽地吞下去。后来兔宝宝的身体变得倍儿棒，体育还拿了全年级第一呢！

挑食是指只吃某些食物，不吃另一些食物的不良习惯。挑食对儿童的影响可大了。因为儿童正处在长身体的时期，需要各种各样的

营养素，挑食会使某一营养素缺乏，于是会患不同类型的营养性疾病，影响身体的生长和发育。如果不食或少食蔬菜，就会患夜盲症、佝偻病、舌炎等各种各样的维生素缺乏症和便秘等纤维素缺乏症；不吃肉食，则会导致消瘦等营养不良症，对疾病的抵抗力下降；不吃甜食，会导致能量不足，没有足够的精力去学习。

　　小朋友们，克服挑食的坏毛病，全面、合理地饮食吧！

1.你以前挑食吗？

2.知道了挑食的坏处后，你还会再挑食吗？

上 学

勤劳的小鸟起得早，
拍拍翅膀学飞高。
勤劳的小鸡起得早，
伸伸脖子喔喔叫。
勤劳的小朋友起得早，
准时上学不迟到。

背后的故事

　　先给大家讲一个"闻鸡起舞"的故事吧。晋代的祖逖是个胸怀坦荡、具有远大抱负的人，可他小时候是个不爱读书的淘气孩子。进入青年时代后，他意识到自己知识的贫乏，深感不读书无以报效国家，于是就发奋读起书来。后来，祖逖和幼时的好友刘琨一起担任司州主簿。他与刘琨感情深厚，不仅常常同床而卧、同被而眠，还有着共同的远大理想：建功立业，复兴晋国，成为国家的栋梁之才。一次，半夜里祖逖在睡梦中听到公鸡的叫声，便一脚把刘琨踢醒，对他说："别人都认为半夜听见鸡叫不吉利，我偏不这样想，咱们干脆以后听见鸡叫就起床练剑如何？"刘琨欣然同意。于是他们每天鸡叫后就起床练剑，剑光飞舞，剑声铿锵。春去冬来，寒来暑往，他们从不间断。

功夫不负有心人，经过长期的刻苦学习和训练，他们终于成为能文能武的全才，既写得一手好文章，又能带兵打仗。

娃娃上学曾经迟到过，走到学校好尴尬呀！教室里老师正在上课，同学们在认真听讲，还有诵读课文的书声朗朗。哎呀，怎么好意思去打搅？要不是老师发现，走到门口来招呼，娃娃真不知道该怎样收场。好在老师既不生气也不发火，悄悄地将娃娃领到座位上，只是同学们关注的目光像火烧，将娃娃的脸蛋躁得像猴儿的屁股一样。今后上学娃娃再也不好意思迟到啦！

考考你

1.你上学迟到过吗？感觉如何？

2.为什么上学不能迟到？

过马路

小朋友,你别跑,
站稳脚步把灯瞧。
红灯停,绿灯行,
黄灯请你准备好。
过路要走斑马线,
交通规则要记牢。

背后的故事

　　交通信号灯,是以红、黄、绿三色灯指示车辆及行人停止、注意与行进,设于交叉路口或其他必要地点的交通管制设施。

　　机动车信号灯和非机动车信号灯表示:绿灯亮时,准许车辆通行;黄灯亮时,已越过停止线的车辆可以继续通行;红灯亮时,禁止车辆通行。人行横道信号灯表示:绿灯亮时,准许行人通过人行横道;红灯亮时,禁止行人进入人行横道,但是已经进入人行横道的,可以继续通过或者在道路中心线处停留等候。

　　放学途中有可能穿行公路,所以娃娃一定要牢记交通规则。第一,横穿公路时必须走人行横道线;第二,要注意交通指挥灯,红灯时不能过公路,绿灯才能穿行。穿越人行横道线的时候,也不能埋头

向前走,因为这时汽车的威胁依然存在!娃娃要牢记,过人行横道线或在没有人行横道线的郊外公路上横穿公路时,先看左,再看右。为什么呢?娃娃自己想一想吧。要知道,汽车是靠右行驶的呀!

考考你

1.你知道交通信号灯中红灯、绿灯表示的意思吗?

2.穿行公路时,眼睛看的方向有什么原则? 为什么?

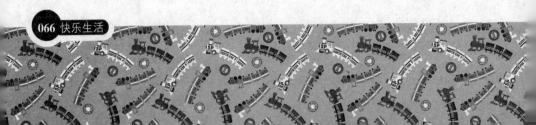

升国旗

国旗妈妈真漂亮，
穿着一身红衣裳。
五颗金星胸前挂，
好像五枚金奖章。
国旗国旗升起来，
庄严国歌多响亮。
我向国旗敬个礼，
祖国在我心坎上！

♪儿
......
歌

每天在晨光中学校都要升国旗，我们还要对国旗敬礼。为什么我们要向国旗敬礼呢？因为国旗是我们伟大祖国的象征。祖国是我们的母亲，是我们每个人的靠山。我们的祖国通过改革开放，正在走向繁荣昌盛，走向富强。我们在向国旗行注目礼的时候，会在心中暗暗发誓，一定要好好学习，天天向上，练好本领，等将来长大了，要去建设我们的祖国，保卫我们的祖国，使生我养我的祖国母亲更美丽，更强大。

有一个小欣悦看升旗的感人故事：一个得了白血病的双目失明的小女孩欣悦，在她生命的后期，当医生问她最大的心愿是什么时，她说想去天安门看升旗仪式。对一个生命垂危的女孩的最后心愿，

医生和家长哪里忍心不满足呢？但是因为她的家在遥远的新疆，如果满足她的要求，医生怕女孩经受不住旅途的劳累，于是一个由2000多名志愿者和医生还有女孩的家人组织的集体编造谎言的活动开始了：从上火车到改乘旅游公车，一路上，从报站到服务员端茶倒水，甚至到旅客的交谈，都是大家有意安排的，最后来到了一所学校。在军乐队伴奏的国歌声中，双目失明的女孩以为自己真的来到了渴望已久的天安门广场。当看到她无力地举起小手向国旗的方向敬礼时，在场的人都流下了热泪。

1.你知道国旗象征着什么吗？

2.你长大了要为祖国母亲做点什么？

值日生

太阳出来眯眯笑，
值日生呀来得早。
先把桌子擦干净，
再把椅子摆摆好。
玩具图书放整齐，
再给花儿把水浇。
小朋友们眯眯笑，
今天的值日生真正好。

背后的故事

　　轮到娃娃当值日生，真是乐死人了。娃娃早早地起了床，早早地吃了饭，早早地背起书包来到学校。娃娃首先找到扫帚，轻轻地扫，把地扫得干干净净。然后呀，找来抹布打来水，一张张桌子擦仔细，擦了桌面擦四周，每个角落都擦遍，可不能做事如"马粪皮面光"呀！擦完桌子摆椅子，把椅子摆得整整齐齐，再把图书玩具摆整齐。事儿做完还有空，干什么？娃娃把在路上采的野花放进花瓶里，摆在讲台上，同学、老师看见了一定会欢喜。

　　有没有不负责任的值日生呢？有。她的外号叫小毛，是一个女生。每次轮到她值日的时候，她就找借口不打扫。有一次，正好是全班大扫除的时候，她走到老师面前说："老师，我要去洗澡，能不能

不扫？"老师严肃起来，对她说："别的同学也要洗澡，可他们仍然在这里扫呀，你为什么不能迟点洗澡呢？"她听了，只好无可奈何地回教室做值日。她拿起一把扫帚，乱扫一通，教室被她弄得更脏了。然后她说："我扫好了，可以走了。"说完，就把扫帚随地一扔，跑了。被她扫过的地方比原来更脏了，真是不负责任！

考考你

1.你知道值日生要做些什么事吗？

2.你知道怎样擦桌子吗？

做　操

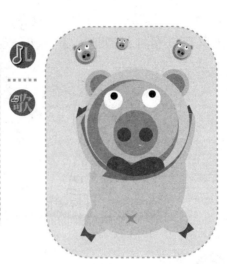

风吹杨柳飘飘，
小鸟学我做操。
我拍手，它张翅；
我伸腿，它跳跳。
我把腰儿弯弯，
它把尾巴翘翘。
做完了，再见了，
小鸟扑棱飞走了。

背后的故事

　　课间操又称为课间体育活动，是学生每天必须参加的一项体育活动，是学生在紧张学习之中的一种积极性休息，同时也是校园体育文化建设的重要内容和综合反映。课间操的形式与内容对学生的生理、心理影响是重要而深刻的。

　　课间操一般在每天上午第二和第三节课之间进行，时间为 20 分钟。课间操有助于消除紧张学习后所产生的疲劳，使大脑得到积极的休息，提高学习效率。同时，身体各部分得到充分舒展，防止形成不良体姿，有利于学生的健康发育。课间操的内容以广播操为主，还可做脊柱弯曲防治操、素质操、慢跑和活动量较小的游戏等。

　　专心致志地听老师讲课，认真地做老师布置的课堂作业，两节

课下来,娃娃的腰酸了,脖子痛了,精神也开始疲劳了。哇,广播里响起了音乐声,做课间操啦。一二一,拍拍手;一二一,弯弯腰;一二一,转转身;一二一,扭扭头。做完课间操,腰不酸了,脖子不痛了,娃娃又可以精神抖擞地上第三、四节课啦。

 1.为什么要做课间操?

2.你会做课间操吗?

洗 手

排好队,向前走。
做什么? 去洗手。
小肥皂,给我擦擦手;
自来水,给我冲冲手;
小毛巾,给我揩揩手。
小手洗得真干净,
我们大家拍拍手。

儿
......
歌

背后的故事

　　饭前洗手人们知道,但在人的一生中,每餐饭前都洗手却不是一件容易做到的事。其主要原因还在于人们对饭前洗手的必要性认识不足。"病从口入"这是人们都能理解的,然而不少病是经过手而入口的。生活、工作中的各种活动,都要经过手去处理,手沾染细菌及各种致病因子的机会自然相当多。

　　有人对手上的细菌做过检查。就痢疾杆菌来说,手的带菌率相当高,国内的报告达 15％左右,日本的报告达 8.2％。每个人手上的皮纹里、指甲沟与指甲盖边缘,都可能带有几十万乃至几千万个细菌。有些人的指甲又长又黑,里面的细菌就更多了。手上可能沾有的细菌种类也非常多,几乎所有能引起肠道传染病的细菌,手上都

可能有。痢疾、各种食物中毒、传染性肝炎、伤寒、霍乱等都可能经过手传染。很多肠道寄生虫病(如蛔虫病、蛲虫病、鞭虫病等)和呼吸道传染病(如肺结核、流感等)，也都可能经过手来传染。被污染的手是很多传染病的"助手"，因此，为了健康，应该讲究手的卫生。饭前洗手是阻断病菌入口的关键，养成饭前洗手的良好习惯，是防病强身的一件大事。

洗完手，干什么？去吃课间餐啦。有豆浆牛奶、蛋糕点心、苹果梨子，看着就让人流口水。娃娃在后面排队，等得有点不耐烦，看看自己的一双手，又白又干净，何必一定要洗手才能吃东西呢。老师说，不行呀，娃娃要养成吃东西前洗手的好习惯。从表面上看，娃娃的手似乎很干净，但要是把你的手放到显微镜下一看，可脏啦，有能使你伤风感冒拉肚子的细菌，有能使你肚子里长蛔虫、钩虫的寄生虫卵，吃下去可不得了。只有坚持吃东西前洗手，才不容易患病染上寄生虫啦。

1.你知道脏手上有些什么坏东西吗？

2.你知道饭前洗手的道理吗？

课堂上

小皮球,皮球小,

拍你几下跳几跳。

上课了,快快跑,

皮球放在口袋里,

请你安安稳稳睡一觉。

　　学生上课,要有良好的课堂习惯:一是课前要准备好学习用品,书本、笔记、文具盒一律放在课桌的左上角。二是上课铃响后,立即有秩序地进入教室安静坐好。三是老师走进教室喊"上课"时,全班同学起立,老师说"同学们好",学生回答"老师好"。四是上课迟到的学生要先喊"报告",经老师同意后再进入教室。五是老师宣布下课时,师生互相说"再见"。老师走出教室后,学生再按顺序走出教室。

　　上课了。课堂上学生第一要"心到":专心致志听老师讲课,专心致志回答老师的问题,专心致志做练习题。第二要"口到":跟着老师大声朗读课文,但是不该出声的时候别说话,悄悄话也不能

讲，因为交头接耳会影响别人学习，自己也学不好。第三要"手到"：认真做课堂练习，踊跃举手回答老师的提问，但是手不能乱动，不能用手去骚扰邻桌的同学，也不要用手在作业本上、桌子上乱画。坐姿还要端正，坐要有坐相，胸挺直，目不斜视只看老师或黑板。只有这样，上课的质量才能得到保证！

1.课堂上心、口、手应该如何动作？

2.课堂上的坐姿应该是怎样的？

扫 地

一扫金，

二扫银，

三扫聚宝盆。

聚宝盆里有个宝，

子孙后代用不了。

背后的故事

家里并不宽敞，但是妈妈天天扫地抹屋，把里里外外打扫得干干净净，收拾得整整齐齐，可舒服啦。我可喜欢扫地啦，拿起小扫帚，左右开弓使劲扫，扫得灰尘无处躲藏。妈妈看见了，急忙走过来，轻轻握住我攥着扫帚的手，同我一起轻轻地扫。轻轻地扫，尘土不再四处飞扬，地也扫干净啦。

东汉时有一个少年名叫陈蕃，自命不凡，一心只想干大事业。一天，他父亲的朋友薛勤来访，见他独居的院子脏乱不堪，便对他说："孺子何不洒扫以待宾客？"他答道："大丈夫处世，当扫除天下，安事一室乎？"薛勤当即反问道："一屋不扫，何以扫天下？"陈蕃无言以对。

陈蕃欲"扫天下"的胸怀不错,错的是他没有意识到"扫天下"是从"扫一屋"开始的,"扫天下"包含了"扫一屋",而不"扫一屋"是断然不能实现"扫天下"的理想的。古今中外许多名人讲过做大事要从小事做起的道理,如老子云:"合抱之木,生于毫末;九层之台,起于累土;千里之行,始于足下。"荀子《劝学篇》说:"故不积跬步,无以至千里;不积小流,无以成江海。"苏联革命导师列宁也说:"人要成就一件大事,就得从小事做起。"以上这些至理名言,都充分体现了"扫天下"与"扫一屋"的关系,说明了任何大事都是由小事积累而成的道理。"勿以善小而不为","善"再小,也只有积善才能成德。雷锋同志就是从"扫一屋"做起的最好典范,他在平凡的岗位上默默奉献,做好身边每一件力所能及的小事。

1.妈妈为什么每天扫地抹屋?
2.你知道怎样扫地吗?

浇 花

浇花浇花快浇花，
你不浇花不开花。
一盆水，一壶茶，
浇好花，开好花；
两盆水，两壶茶，
花开好，花开大；
三盆水，三壶茶，
花蔫了，花死了。
咦，怎么啦？

儿

歌

背后的故事

　　花卉以它绚丽的风姿，把大自然装饰得分外美丽，给人以美的享受。要想花卉开得绚丽多彩，就要学会浇花施肥和除虫等。

　　浇花有几种方法。一是残茶浇花：残茶用来浇花，既能保持土质的水分，又能给植物增添氮等养料。但应视花盆湿度的情况，定期有分寸地浇，而不能随倒残茶随浇。二是变质奶浇花：牛奶变质后，加水用来浇花，有助于花儿的生长，但兑水要多些，使之稀释才好。未发酵的牛奶不宜浇花，因为其发酵时产生的大量热量会"烧"根（烂根）。三是凉开水浇花：用凉开水浇花，能使花草叶茂花艳，并能促其早开花。若用来浇文竹，可使其枝叶横向发展，矮生密生。四是温水浇花：冬季天冷水凉，用温水浇花为宜。最好将水放置于室内，

待其同室温相近时再浇。如果水温达到 35℃时再去浇,则更好。五是淘米水浇花:经常用淘米水浇米兰等花卉,可使其枝叶茂盛,花色鲜艳。

窗台前的花架上、屋顶的花园里、室内的大厅中,妈妈养了好多花,五颜六色,姹紫嫣红,可好看啦!我是个爱花的好娃娃,妈妈在家我跟着妈妈学浇花,妈妈不在家我也浇花。我提着水壶,唱着浇花歌儿去浇花,把花儿灌得好饱呀。妈妈回到家,见我在浇花,一面夸我是个勤快的好娃娃,一面告诉我不能乱浇水。给花浇水要讲科学,水浇得太多,花儿的根部吸收不到空气,就会被淹死啦!

考考你

1.为什么要给花儿浇水?

2.水浇得太多了花儿为什么会死?

栽小树

春风吹,花儿笑,
植树节,来到了。
栽好树,把水浇,
爸爸对我微微笑。
等到明年再来看,
谁栽的小树长得高?

背后的故事

　　3 月 12 日为中国的植树节。你知道中国植树节的由来吗?我国的植树节开始时是为纪念孙中山先生逝世。孙中山先生是中国近代史上最早意识到森林的重要意义和倡导植树造林的人。1925 年 3 月 12 日,孙中山先生逝世。1928 年,为纪念孙中山逝世三周年,国民政府举行了植树仪式。1956 年,毛泽东发出了"绿化祖国"、"实现大地园林化"的号召,中国开始了"12 年绿化运动",目标是"在 12 年内,基本上消灭荒地荒山,在一切宅旁、村旁、路旁、水旁,以及荒地荒山上,即在一切可能的地方,均要按规格种起树来,实行绿化"。1979 年,在邓小平提议下,第五届全国人大常委会第六次会议决定每年的 3 月 12 日为我国的植树节。1981 年 12 月 13 日,第五届

全国人大第四次会议讨论通过了《关于开展全民义务植树运动的决议》。这是新中国成立以来国家最高权力机关对绿化祖国作出的第一个重大决议。从此，全民义务植树运动作为一项法律开始在全国实施。

植树节那天，晴空万里，艳阳高照，娃娃跟着爸爸到山坡上去种小树。娃娃拿起一棵小树苗，没有托住根部的泥托，泥托散了，泥直往下掉。爸爸赶紧跑过来，用手护住泥托，小心地将树苗放进挖好的坑里。爸爸对娃娃说，小树苗根部的泥托可重要了，能保护小树苗细细的须根。要是小树苗的须根断了，小树苗就不容易栽活啦。

1.你知道植树节是哪一天吗？

2.你知道小树苗根部泥托的作用吗？

老 师

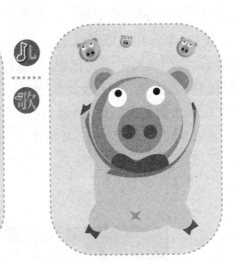

一个白袍公公，

学习文化有功；

不怕粉身碎骨，

为了教育儿童。

儿歌

背后的故事

猜猜这是什么？这是粉笔呀！粉笔是日常生活中广泛使用的工具，一般用于在黑板上书写。

普通的粉笔约二寸长，是一头粗、一头细的圆台形，很匀称，很硬很脆。一般常用的是白色粉笔。现在，中国国内使用的粉笔主要是普通粉笔和无尘粉笔两种，其主要成分均为碳酸钙（石灰石）和硫酸钙（石膏），或含少量的氧化钙。

粉笔的历史很久。最早的人类发现，木炭可以用来作画。远在文字发明前，人类就用木炭来作画，在欧洲的岩洞中仍然能看到用炭粉或者木炭所作的壁画。到了中世纪，人们开始发现，用石灰加水做成块状的物体，可以用类似木炭笔的方法，纪录在深色或者是坚

硬物体的表面。(那个年代纸张是很昂贵的物品,用炭笔刻在木板或岩石上又容易模糊)经过近千年的时间,现在已经很难去考证到底是谁第一个想到这个主意。

现在,老师用粉笔给我们上课。一支支粉笔由长变短,直至粉身碎骨,而我们头脑里的文化呢,则由短变长,天天向上啦。我们的老师也同粉笔一样,为了教我们学文化,耗尽青春热血,最后头发由黑变白。他们又像蜡烛,点燃自己,照亮我们,最后一点点把自己烧完。当我们一个个成才时,老师却像一首诗中说的那样:"俏也不争春,只把春来报。待到山花烂漫时,她在丛中笑。"我们的老师是多么令人可敬可佩呀!

考考你

1.你知道白袍公公是谁吗?
2.你喜欢老师吗?为什么?

来　客

客人来了我开门，
喊声客人快请进。
端个凳，倒杯茶，
等我爸妈回到家。
客人问我我回答，
我不害怕陌生人。

儿
歌

背后的故事

　　小朋友们，我们要知道待客的常识。一是客人进门后，要主动招呼，笑脸相迎，侧身相让，并微笑着说："你好，请进！"有小伙伴来时，首先要向家长介绍小伙伴。二是客人进入房间后，要把最佳的座位让给客人。招待客人时可用茶水或糖果，茶水要倒得适量，不要太满以免烫伤客人，端茶时应双手奉上。要拿出饮料和零食、玩具与小伙伴分享，与小伙伴一起学习或游戏。三是与客人交谈时，要注意倾听，态度真诚自然，不随便插嘴，不东张西望，不看钟表等。四是客人告辞时，应真诚挽留，表示希望多坐一会儿。客人真的要走，应先等客人起身后，自己再起身相送，不可先起身摆出送行的姿态。五是送客时，住楼房的要送到底楼，住平房的要送到路口，

再握手或挥手道别:"欢迎下次再来。"

　一个家庭里,来客人是少不了的,有的客人自己熟悉,有的客人自己不熟悉。有时候,客人来了,爸爸妈妈在家里,这好办,有爸爸妈妈接待。可是,有时候客人来了而爸爸妈妈不在家,怎么办?这就需要我们来接待。客人来了要笑脸相迎,热情接待,还可以把水果或糖拿出来招待,等待爸爸妈妈回家。如果客人问你今年几岁、在哪里读书等,你就如实回答。客人来了你要大方一点、主动一点,因为你是这个家里的小主人。

1.客人来了而爸妈不在家,这时你该怎样做?

2.当客人问你一些简单的问题时,你会回答吗?

客来疯

丽丽有个坏毛病，

见到客人扰不停；

要这要那没礼貌，

不给礼物还哭泣。

背后的故事

　　"客来疯"是一种怪病，也叫"人来疯"。患这种病的一般是小孩子，常发年龄为 2 岁到 10 岁之间。客来疯起病的诱因是家里来了客人。

　　家里来了客人，做家长的当然要热情招待，除了要陪同闲聊，还要准备饭菜。这样，会把小孩冷落了，小孩子就不高兴了。起初，小孩发病较轻，就是要耍小脾气。如果大人还没重视的话，小孩的病情就会加重，会发生到躺地板、丢杂物的程度。这时候，就要开始治疗了。好言相劝一般起不到治疗的作用，还会加重病情。真正的治疗方法是狠狠呵斥小孩子，不许他（她）再胡闹。如果呵斥起不到作用，只好动用武力了，适当的武力还是很有效果的。当然，家长在

客人离开后,就要教育孩子:有客人来时,要照顾好客人,不要耍小脾气。要表现好点,当一个乖孩子。

小孩的客来疯是不能惯的,越惯越疯。

丽丽是个漂亮的女娃娃,有一双大大的黑眼睛,唱歌跳舞样样能,人见人爱。可她有个"客来疯"的坏习惯,一有客人到家,她就不乖了,总是缠着妈妈要这要那,一会儿要吃冰淇淋,一会儿要买新玩具。若不满足要求,她就躺到地上,又哭又叫。妈妈为了不影响客人和爸爸交谈,总是满足她的要求。有时,客人也会大方地掏出钱来,叫丽丽自己去买,或者干脆带着丽丽一块儿去商场,让她自己挑选。丽丽尝到甜头,每次客人来就闹得更欢了。客人心里直嘀咕:主人可别惯坏了这个小娃娃,谨防成为人见人烦的"讨人嫌"!

考考你

1.什么叫"客来疯"?

2.丽丽这样做对吗?

给长辈祝寿

爸爸过生日，
我要送个礼。
不送大蛋糕，
不送小玩具；
画上一幅画，
写上祝福语。
唱支生日歌，
爸爸多欢喜。

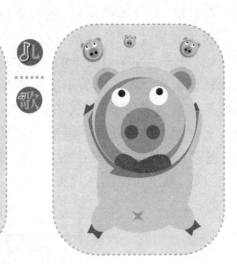

背后的故事

　　祝寿是一种活动，一般是晚辈对长辈的敬重之举，古代指在老人过生日时为他祝贺，现代已发展成庆祝生日的代名词。"祝"的基本意思是对人或对事美好的愿望，常用词语有祝福、祝贺、祝愿、祝酒等。"寿"指年龄长久。古时候，人有上中下寿之分，120岁称上寿，100岁称中寿，80岁称下寿。所以年轻人庆祝生辰，只能称"做生日"，不能称"做寿"。只有年龄50岁以上者庆祝生辰，才可称为"庆寿"。祝寿用的常用词句有：福如东海，寿比南山；今日庆古稀，他年再双庆；年年都有今日，岁岁都有今朝；等等。

　　少数地方在逢"九"之年也行祝寿礼，有的逢"一"之年举行，各有不同，其中七十七岁为喜寿，八十八岁为米寿，是比较隆重的

两次。行祝寿礼要有寿筵,要吃寿面,俗称"长寿面";亲朋好友通常会送寿桃、寿联,晚辈要给长辈行跪拜礼。

在家里,自己要过生日,爸爸妈妈、爷爷奶奶等长辈也要过生日。遇到长辈过生日,作为儿女的,作为孙子孙女的,也可以送一些礼物,以表达晚辈对长辈的一片孝心。给长辈送礼,不需要像大人一样送蛋糕之类,因为小孩子没有钱买这些东西;也不要送布娃娃等玩具之类,因为大人不是小孩子,他们不需要玩具。那么,送什么好呢?你可以画一幅画,上面写上一些祝福的话语,比如"祝爸爸(或妈妈)生日快乐!"等。点燃蜡烛以后,你可以唱上一支生日歌,献上自己的一片衷心祝福。

考考你

1. 遇到长辈过生日,你会怎样祝贺?

2. 长辈过生日,晚辈送哪些礼物比较合适?

亲人间也要讲礼节

爷爷奶奶白头发，
天天看见不喊他；
吃饭不等爸和妈，
菜碗都往胸前拉。
这种做法可不对，
不守礼节人笑话；
做客必须讲礼节，
在家礼节别忘了。

背后的故事

　　礼节是人和人交往的礼仪规矩，如握手、鞠躬、磕头等是动作形式，问候、道谢、祝颂等是语言形式。

　　有无礼节是人与动物的差别所在，也是人类社会祥和的基础。综观今日，讲礼、识礼者少，故社会秩序乱象常见，各种摩擦、冲突频繁发生，人们相处不仅缺乏安全感，甚至有举目皆敌的危机感。个体有礼节，守礼则文明；群体无礼节，无礼则暴乱。因此，礼节是绝不能少的。人与人交流感情，事与事维持秩序，国与国保持常态，皆是礼节从中周旋。礼节的作用不容忽视，我们现代人怎么能不认真对待和学习？否则，在社会上会到处碰壁吃亏，届时悔之晚矣。礼节是不妨碍他人的美德，是恭敬人的善行，也是自己行事的

通行证。若我们能多点"克己复礼"的功夫,从本分做起、从家庭做起,深信社会会更加安和有礼。

在别人家里做客,是要讲礼节的。看见认识的亲朋好友,要主动亲切地打招呼;不认识的亲朋好友,大人教你喊啥你就喊啥。那么,在家里是不是就可以不守礼节呢?不是的,一样要守礼节。每天与爷爷奶奶在一起而不喊他们,是不对的;吃饭的时候要等爸爸妈妈一起吃,不要抢先一个人吃,也不要把好吃的东西往自己胸前拉而不顾别人。除了这些,其他的礼节都应当遵守。

1. 每天与爷爷奶奶在一起而不喊他们,吃饭不等爸爸和妈妈,还把菜碗往自己胸前拉,这些做法对不对?

2. 在外要守礼节,在家里要不要守礼节?

亲属之间的称谓

爸爸生日多幸福，
亲属来了一大屋。
妈妈的妈妈喊外婆，
爸爸的妈妈喊奶奶；
妈妈的爸爸喊外公，
爸爸的爸爸喊爷爷；
妈妈的姐妹我喊姨，
爸爸的姐妹我喊姑；
妈妈的兄弟我喊舅，
爸爸的兄弟我喊叔。
一个一个都喊遍，
不要喊错要记住。

背后的故事

　　亲属，就是与自己有血缘关系或婚姻关系的人，又分为直系亲属和旁系亲属。直系亲属是指与自己有直接血缘关系或婚姻关系的人，如父、母、夫、妻、子、女等；旁系亲属是指直系亲属以外的血缘上和自己同出一源的人及其配偶，如妈妈的爸爸、妈妈、姐妹、兄弟和爸爸的爸爸、妈妈、姐妹、兄弟等。这些亲属我们经常接触，因此称呼一定要记住。由于各地习惯不一样，称谓也不同，要注意区别。如爸爸的妈妈，有的地方喊祖母，有的地方喊婆婆，不要喊错了，以免闹笑话。

　　与父亲相关的亲属：（1）诸父、诸母：是对父亲的兄弟及其妻室的统称。（2）世父：是对父亲的兄弟的称谓，现在更多的场合是

称"伯父"、"叔父"或简称"伯"、"叔"。（3）伯母、叔母：是对父亲的兄弟的妻室的称呼。（4）从父：对父亲的叔伯兄弟可统称为"从父"，又可分别称为"从伯"、"从叔"。（5）姑：对父亲的姊妹可称为"姑"（沿用至今），又可以称为"诸姑"、"姑姊"、"姑妹"，对已婚者一般都称为"姑母"、"姑妈"。（6）姑父：对姑母的丈夫，既可称为"姑父"、"姑丈"，又可以称为"姑婿"、"姑夫"。（7）表兄弟：对姑母的儿子的称谓。（8）表姊妹：对姑母的女儿的称谓。

与母亲相关的亲属：（1）外祖父：对母亲的父亲，称为"外祖父"、"外公"（与今同），又可称为"外翁"、"外大人"、"家公"、"姥爷"等。（2）外祖母：对母亲的母亲，称为"外祖母"、"外婆"（与今同），又称为"姥姥"等。（3）舅：对母亲的兄弟，古今均称"舅"。（4）舅母：对舅父之妻的称谓。（5）姨母：对母亲姊妹的称呼，或称为"姨娘"、"姨婆"、"姨妈"等。（6）姨父：对姨母之夫称为"姨夫"或"姨父"。（7）表兄弟、表姊妹：对姨母的子女称"表兄弟"、"表姊妹"。

1.你对妈妈的妈妈、爸爸、姐妹、兄弟分别喊什么？

2.你对爸爸的妈妈、爸爸、姐妹、兄弟分别喊什么？

熟人之间的称谓

年纪老的白发多，

请喊爷爷或奶奶；

年纪大的面前过，

叔叔阿姨莫喊错；

年纪和你差不多，

小的喊弟大喊哥。

背后的故事

　　我们的身边除了亲属以外，还有许多熟人。在路上或其他场合遇见熟人，都要有礼貌地打招呼。看见熟人该喊什么呢？这就要根据对方的年龄来决定。凡是年纪和自己的爷爷奶奶差不多的，男的就喊爷爷，女的就喊婆婆或奶奶；年纪和自己爸爸妈妈差不多的，男的就喊叔叔，女的就喊阿姨；年纪和自己差不多的，比自己大的，男的喊哥哥，女的喊姐姐；比自己小的，男的喊弟弟，女的喊妹妹。

　　如果不是熟人，是陌生人，在一定的场合，比如说问路，也要尊敬地喊一声"叔叔（阿姨）"、"爷爷（奶奶）"。

　　我们还要了解常见的打招呼用语。常见的打招呼用语简洁明了，最广泛使用的是"您好"，这既是一个问候语，又有一种对他

人表示祝福的含义。根据碰面的时间，还可以道一声"早晨好"、"下午好"、"晚上好"；看见老师，叫一声"老师早"、"老师好"；看见长辈，叫一声"爷爷好"、"奶奶好"，这些都是比较简单、实用、明了的招呼用语。另外，诸如"你早"等，也是较常见的招呼语。

1.你对年纪老的和大的人分别喊什么？
2.你对年纪和自己差不多的人喊什么？

近朱者赤,近墨者黑

白绸绸,皎皎洁,
泡进染缸变颜色。
染料红,白绸红;
染料黑,白绸黑。
一旦被污染,
许久难洗洁。
社会大染缸,
交友须选择。

儿
歌

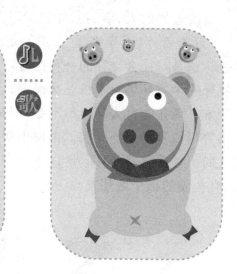

背后的故事

　　有一个《孟母三迁》的故事:战国的时候,有一个很伟大的大学问家孟子。孟子小的时候非常调皮,他妈妈为了让他接受好的教育,花了很多心血! 有一次,他们住在墓地旁边,孟子就和邻居的小孩一起学着大人跪拜、嚎哭的样子,玩起办理丧事的游戏。孟子的妈妈看到了,皱起眉头:"不行! 我不能让我的孩子住在这里!"于是孟子的妈妈带着孟子搬到市集去住。到了市集,孟子又和邻居的小孩学起商人做生意的样子,一会儿鞠躬欢迎客人,一会儿招待客人,一会儿和客人讨价还价,模仿得像极了! 孟子的妈妈知道了,又皱着眉头:"这个地方也不适合我的孩子居住!"于是,他们又搬家了。这一次,他们搬到了学校附近,孟子开始变得守秩序、

懂礼貌、喜欢读书。这时候，孟子的妈妈很满意地点着头说："这才是我儿子应该住的地方呀！"后来，大家就用"孟母三迁"来表示人应该接近好的人、事、物，才能学习到好的习惯！

　　"近朱者赤，近墨者黑"，说的是接触什么颜色就会染上什么颜色，这是对社会交往的一种比喻。古时孟母为了给儿子寻找一个良好的学习环境，不惜三次搬家，终于把孟子培养成为著名的思想家。现在的育人环境都不错，但是社会上形形色色的人都有，若不警惕很容易上当受骗。再说小朋友的可塑性强、自制力差，在坏人的引诱下容易变坏，所以小朋友一定要远离坏人，多和有教养、有礼貌的孩子做朋友。

考考你

1.《孟母三迁》的故事讲了什么？

2."近朱者赤，近墨者黑"是什么意思？

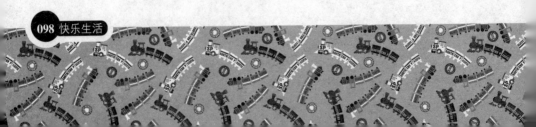

走　路

小明走路不用心，
蹦蹦跳跳踩水坑；
自己鞋子被打湿，
还溅同学水一身。
小明忙说对不起，
同学回答没关系；
今后注意看路走，
东张西望摔跟头。

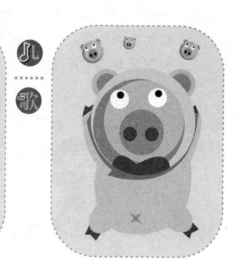

背后的故事

　　走路，就是脚带动身体向前移动。走路时一般先迈左腿，然后右腿跟着左腿做有规律的前后交叉运动。

　　走路散步有许多好处：一是散步可以使大脑皮质的兴奋、抑制和调节过程得到改善，从而收到消除疲劳、放松、镇静、清醒头脑的效果，所以很多人喜欢用散步来调节精神。二是散步时由于腹部肌肉收缩，呼吸略有加深，隔肌上下运动加强，加上腹壁肌肉运动对胃肠的"按摩作用"，消化系统的血液循环会加强，胃肠蠕动增加，消化能力提高。三是散步时肺的通气量比平时增加了一倍以上，有利于呼吸系统功能的改善。四是散步作为一种全身性的运动，可将全身大部分的肌肉骨骼动员起来，从而使人体的代谢活动

增强、肌肉发达、血流通畅，进而减少患动脉硬化的可能性。

　　我们天天都要走路，走路跟做事一样要用心，如果不用心，就会摔跤或踩到水坑，还会撞到树上、电线杆上。走路要看路，不要东张西望，要走好的地方、平坦的地方。有的小孩专拣不好走的地方去走，蹦蹦跳跳的，书包里的书本和笔都跳出来了，这样很不好。

1.走路应当怎样走？

2.不好好走路有哪些坏处？

怎样行鞠躬礼

鞠躬礼,怎样行?

两眼注视受礼人,

身体弯曲九十度,

大方自然又亲近。

鞠躬,意思是弯身行礼,是表示对他人敬重的一种礼节。鞠躬常用于下级对上级、学生对老师、晚辈对长辈表达由衷的敬意,也常用于服务人员向宾客致意,或表演者、演讲者、领奖者对听众、观众表示尊敬和感谢。

鞠躬是中国、日本、韩国、朝鲜等国家传统的、普遍使用的一种礼节。鞠躬主要表达"弯身行礼,以示恭敬"的意思。鞠躬礼,日本是最讲究的,因此我们在同日本人打交道时要注意这一点。

鞠躬时要注意,如戴着帽子,应将帽子摘下,因为戴帽子鞠躬既不礼貌,也容易滑落,使自己处于尴尬境地。鞠躬时目光应向下,表示一种谦恭的态度,并且不要一面鞠躬,一面试图翻起眼睛看对方。

如果我问你，你会行鞠躬礼吗？你准会回答："这么简单的事情谁不会？"其实，很多小朋友不会。有的小朋友口头上会，但真的做起来就不会了。按规定，行鞠躬礼必须做到"三要三不要"：一要双眼看着受礼人，不要看天上或地下；二要身体弯曲九十度，不要仅仅把头点一下就完事；三要态度自然、大方、亲切，表示诚恳和尊敬，不要随随便便、吊儿郎当。只有做到这些，才是真正行了鞠躬礼。

1.什么是行鞠躬礼的"三要三不要"？

2.行鞠躬礼为什么要态度自然、大方、亲切？

问　路

要问路，看一看，
有没有人在身边。
陌生人，不要怕，
问他他会给答案。
问完了，道声谢，
认准方向走向前。

问路是日常生活中经常会遇到的事，是在身处一个新的环境，不明目前所处的位置、不知道目的地所在、不了解要如何到达目的地时，通常采取的向当地知情人询问得到有用信息的方式。问路是寻求帮助，而指路一般来说是助人的美德。

我国古代有一个"以礼问路"的故事。说的是有个从开封到苏州去做生意的人，在去苏州的路上迷失了方向，在三岔路口犹豫不决。这时，他看见附近水塘边有一个放牛的老人，就急忙跑过去问道："喂，老头！从这里到苏州走哪一条路？还有多少路程？"老人抬头见问路的是一个三十多岁的年轻人，因为他没有礼貌，心里头很反感，就说："走中间的那条路，到苏州大约还有六七千丈远的

路程。"那人听了奇怪地问："哎！老头，你们这个地方走路怎么论丈而不论里呀？"老人说："这地方一向都是讲礼（里）的，只是碰到不讲礼（里）的人，就不再讲礼（里）了！"这个故事是对那些不讲礼貌的人的嘲讽，也说明中华民族具有讲文明懂礼貌的传统美德。这个故事足以使当今社会中那些说话不讲礼仪的人脸红。

我们出门到一个不常去或根本没有去过的地方，就有找不着路需要问路的情况。在这种情况下，一般都是问陌生人。有的小朋友不喜欢问路，这可不好。问路"请"字离不开，还要会称呼。对陌生人该怎么称呼呢？年纪大的，男的叫爷爷，女的叫婆婆或奶奶；年纪比爷爷奶奶小一点的，男的叫伯伯或叔叔，女的叫阿姨；跟自己年龄差不多的男的叫哥哥，女的叫姐姐。如果陌生人有明显的标志，还可以加上他的身份，如警察叔叔、医生阿姨等。他们告诉你路线方向之后，你要对他们真诚地说声谢谢。

考考你

1.你会问路吗？
2.对陌生人该怎么称呼？

待客的礼节

客人来了

茶壶一张嘴，

椅子四条腿。

客人来了，

请坐,喝水。

背后的故事

　　社会交往中，接待来访客人是一门艺术。讲究待客的礼节，热情、周到、礼貌待客，就会赢得朋友的尊敬。如果不注意待客礼节，就会使客人不悦，甚至因此失去朋友。

　　一是要洒扫门庭，以迎嘉宾。预先知道客人来访，要提前做好接待准备工作，如整理房间，准备好茶杯、糖果等。主人要仪容整洁、自然大方，蓬头垢面或穿着睡衣短裤会客是不礼貌的。二是宾至如归。客人来到门前，应主动出门迎接，请客人进屋。如果客人是第一次来访，应该给家里其他人介绍一下，并互致问候，然后热情地给客人让座。上茶时最好双手递送，茶要倒八分满并且给吸烟的客人递烟。客人带来的小孩，要找些玩具、画册、小人书等，让孩

子在一边玩,稳定孩子的情绪。与客人交谈时要心平气和,不要频繁看表,不要呵欠连天,以免对方误以为你在下逐客令。三是送客。客人要走,主人一般应婉言相留。客人走时,应等客人起身后,主人再起身相送。送客时一般送到大门口或街口。总之,无论是接待客人,还是送走客人,都要使客人感到温暖、融洽,使客人感到主人是诚恳、热情和懂礼节的,给客人留下美好的回忆。

　　每个家庭都有亲朋好友,如果客人来了,就要热情诚恳地接待,笑脸相迎。如果客人带来一些礼物,则要表示感谢,不要当着客人的面急不可耐地打开,甚至把能吃的礼物拿出来吃。客人进屋后,要请客人坐,敬上一杯茶,还可以打开电视,边看电视边和客人聊天。客人要走,要加以挽留。客人告辞,要以礼相待,等客人起身后才起身相送。送客一般送到大门口。对地形不熟悉的客人,要介绍附近车辆和交通情况,或者送到车站。

考考你

1.客人要来,主人要做好哪些准备?

2.客人来了,主人该怎么办?

穿衣服

小孩不穿大人衣，

胖子不穿横条衣，

学生要穿学生衣，

上课不穿演员衣。

服装是穿在人身上起保护、防静电和装饰作用的制品，它的同义词有"衣服"和"衣裳"。中国古代称"上衣下裳"。最广义的衣服，除了躯干与四肢的遮蔽物之外，还包含了手部、脚部与头部的遮蔽物。服装是一种带有工艺性的生活必需品，而且在一定程度上反映着国家、民族和时代的政治、经济、科学、文化、教育水平以及社会面貌，是物质文明和精神文明建设的必然内涵。

我们每个人都要穿衣服。穿着是一门艺术，很有学问呢。穿衣服不一定要名牌，不一定要赶时髦，只要得体、大方、协调就可以了。作为小朋友，一般情况下，我们要注意以下几点：一是穿着要和年龄协调。小朋友就要穿小朋友的衣服，不要穿大人的衣服。二

是穿着要和自己的体形协调。如果你体形较胖，就要注意不穿横条纹的衣服，不然的话会显得更胖，要穿竖条纹的衣服。三是穿着要和职业、身份协调。你是学生，就要穿学生的衣服，不要把警察、邮递员等行业的衣服穿在身上。四是穿着要和环境协调。

1.穿衣服要穿名牌才行吗？

2.穿衣服要注意什么？

握　手

好朋友，

迎面走；

你伸手，

我伸手；

握一起，

笑开口。

　　握手是一种礼仪。一般说来，握手表示友好，是一种交流，可以沟通原本有隔阂的感情，加深双方的理解、信任，可以表示对另一方的尊敬、景仰、祝贺、鼓励。团体领袖、国家元首之间的握手则往往象征着合作、和解、和平。握手的次数也许数也数不清，印象深刻的可能只有几次：第一次见面的激动；离别之际的不舍；久别重逢的欣喜；误会消除、恩怨化解的释然；等等。

　　握手是一种传统的、国际通行的、有代表性的问候动作。它除了是见面的一个重要礼节外，还是一种祝贺、感谢和相互鼓励的表示。握手一定要用右手，要热情，面露笑容，注视对方眼睛，时间要短，轻重要适度。握手有先后之别，一般来说应由年长者、领导者、

女同志先伸手；客人来应由主人先伸手，客人告辞则应由客人先伸手。文明握手，就是说手要干净，握手时摘掉手套。一般要站着握手，不要坐着握手，而且握手的时候不要东张西望，否则都是失礼的行为。

1.握手有哪些好处？

2.握手时要注意哪些方面？

甜嘴巴

喊爸爸，

喊妈妈，

喊得老奶奶，

笑掉大门牙；

喊得小狗狗，

摇呀摇尾巴。

　　语言是思想的外壳，能够沟通世界上最复杂的信息网络——人的心灵。小朋友长大了，就会知道在职场上、商场上有"先声夺人"、"一诺千金"的说法；在政界有"金口玉言"、"一言定升迁"之语；在文化界有"点睛之笔"、"破题妙语"之论；在生活中也常有"生死荣辱系于一言"之说……古往今来，上至英杰伟人，下至草根百姓，没有人不想口才超群，也没有人敢小瞧口才的威力。历史上，"只言掀动兴与衰，半语搅变成与败"的活生生事例屡见不鲜。因此，小朋友从小就要学会嘴巴"甜"，学会喊人。

　　有的小朋友不喜欢喊人，在家里不喜欢喊人，到别人家里做客也不喜欢喊人。这是为什么呢？因为这些小朋友的性格有点内向，

不善言辞，平时就不喜欢说话。这可不好，要学会喊人，学会嘴巴"甜"。如果在家里，你甜甜地喊声爸爸妈妈，就会讨爸爸妈妈的喜欢；如果你去人家做客，主动地喊主人家的家庭成员，主人一家就会非常喜欢你，夸你懂事。这样，不论你在自己家里，还是在客人家里，你都会生活在一个对你非常有利的环境里。要喊人，就要胆子大一点，不害怕。长大了，你就会发现在学习、工作中喊人会发挥重要作用。

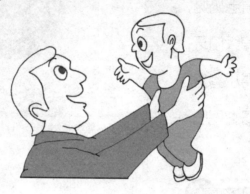

1. 你喜欢喊人吗？

2. 如果不知道喊什么，你会怎么办？

做客要预约

外出去做客，

事前打电话。

不要突然去，

万一不在家。

不做不速客，

请你别忘了。

背后的故事

　　走亲访友是最常见的一种交际形式。在走亲访友之前应做好必要的准备，如果计划不周，主人会手忙脚乱，甚至出现令人尴尬的场面。

　　一是要预约。当你决定去拜访某位亲友时，最好事先给对方打个电话，预先约定一个时间以便对方事先做好安排。如果事先已经约定了时间，就应遵守约定，准时到达，以免让别人久等。如果发生了特殊情况不能前去，应尽可能提前通知对方，并表示歉意。随便失约是很不礼貌的事情。二是应约。当接到别人邀请做客的信件或电话后，要认真考虑是否愿意前往。无论答应还是拒绝都要及时告诉对方，以免让对方焦急等待。一旦应邀，一定要守约，没有特

殊理由不能失约。

　　现实生活中，每个人都会访友做客。做客有两种情况，一是你被邀请做客，那么主人一定会告诉你前往的时间。如果是你主动拜访他人，就一定要提前约好时间。突然上门去，万一主人不在家，那岂不是白走一趟？如果主人在家，你当"不速之客"，在绝大多数时候是不受欢迎的。按约定进行拜访必须守时，如果因为特殊原因不能及时到达，应尽快通知对方，并讲明原因，无故迟到或失约都是不礼貌的。

1.如果主动拜访别人，需不需要提前预约？

2."不速之客"受人欢迎吗？

送礼物

送你一束花，

送你一套书；

可以送贺卡，

可以送食物。

究竟该送啥？

只有你做主。

　　送礼要注意几个问题：一是礼轻情义重。赠送礼品应考虑具体的情况和场合。一般在赴私人家宴时，可带些小礼品，如花束、水果、土特产等。有小孩的，可送玩具、糖果。二是把握送礼的时机与方式。礼物一般当面赠送。三是送礼时要注意态度、动作和语言表达。平和友善、落落大方的动作并伴有礼节性的语言表达，才是受礼方乐于接受的。悄悄地将礼品置于桌下或房间某个角落的做法，达不到馈赠的目的，甚至可能会适得其反。四是顾及习俗礼仪。礼品的选择，要针对不同的受礼对象区别对待。一般来说，对家贫者，以实惠为佳；对富裕者，以精巧为佳；对朋友，以趣味性为佳；对老人，以实用为佳；对孩子，以启智新颖为佳。

送礼一定要掌握避免禁忌的原则。例如,中国普遍有"好事成双"的说法,因而凡是大贺大喜之事,所送之礼均好双忌单。但广东人则忌讳"4"这个偶数,因为在广东话中,"4"听起来就像是"死",是不吉利的。并且颜色要选择红色的,因为是喜庆、祥和、欢乐的象征。另外,给老人不能送钟表,因为"送钟"与"送终"谐音,是不吉利的。

古今中外的交际往来,几乎离不开送礼这个内容。作为情感的象征或媒介,礼品既可以是一件实用的物件,也可以是一束鲜花、一本书。送礼要搞清对方的情况,是生日,还是生病等。如果是生日,可以送鲜花、食物;如果是生病住院,要根据不同的病情,选送水果、食品或滋补品。送礼要提前送,过早送或者"雨后送伞"都不好。而礼物的价值不高一样能表达感情,"千里送鹅毛,礼轻情义重"嘛。

考考你

1.在日常交际中送礼对吗?

2.送礼一般要注意哪些?

仪容要整洁

勤洗澡，
勤洗脸，
常刷牙，
常剪指甲，
衣冠正，
发不乱。
仪容差，
真丢脸。

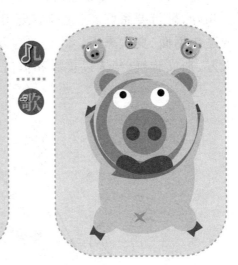

背后的故事

　　仪表指人的容貌，是一个人精神面貌的外在体现。清洁卫生是仪容美的关键，是礼仪的基本要求。不管长相多好、服饰多华贵，若满脸污垢，浑身异味，那必然破坏一个人的美感。因此，每个人都应该养成良好的卫生习惯，做到入睡起床洗脸、洗脚，早晚饭后刷牙，经常洗头又洗澡，讲究梳理勤更衣。一定不要在人前"打扫个人卫生"，比如剔牙齿、掏鼻孔、挖耳屎、修指甲、搓泥垢等，这些行为都应该避开他人，否则不仅不雅观，也不尊重他人。与人谈话时应保持一定距离，声音不要太大，也不要对人口沫四溅。

　　仪容是指一个人的容貌仪表。在人际交往中，为了维护自我形象，有必要注意修饰仪容。修饰仪容要注意哪些地方呢？一是仪容要干净。要勤洗澡、勤洗脸,并经常注意去除眼角、口角及鼻孔、耳孔的分泌物。二是仪容要整洁,即整齐、洁净、清爽,该扣的衣裤扣子要扣好,鞋带要系好。三是仪容要卫生。牙要常刷,指甲要常剪,不要蓬头垢面、臭气熏人。四是仪容要简约、朴素。五是仪容要端庄大方、斯文雅气,给人以美感和信任。

1.仪容有没有必要修饰?

2.修饰仪容要注意些什么?

做客不乱跑

你去做客人，
千万别乱跑；
万一跑丢了，
到处把你找。
你去做客人，
东西莫乱碰；
万一碰坏了，
大家都烦恼。

背后的故事

　　做客的礼仪要求：一是准时到达。做客的人要准时到达做客地点，不要迟到，以免主人等候，也不要早到，以免主人未做好准备。二是叩门按铃。到达主人门前，应先擦干净鞋上的泥土，然后按铃或敲门。敲门要把握好力度和节奏，切忌用力敲打或用脚踹门。三是进门问候。到达主人家里，不应直接进入屋内，要先向主人问候寒暄，还要同主人的家属及其他客人打招呼。进屋后要待主人安排或指定座位后再坐下，同时要注意坐的姿势。四是接受烟茶。主人端茶递烟时要起身道谢，再双手接过；主人端上的果品，要等年长者先动手之后，自己再取；果皮果核不要乱扔乱放，烟灰烟蒂应弹在烟灰缸内。五是谈话要专心。不要在房间里走来走去，不可左顾

右盼,更不可乱翻东西。六是辞行。在与主人谈话的过程中,如果发现主人心不在焉、长吁短叹、蹙眉皱额或不时看表,来访者应寻找"刹车"的话题并告辞。七是告辞。告辞之前要稳定,不要显得急不可耐。

有的小朋友非常喜欢去别人家做客,认为有好玩的又有好吃的。但是,到别人家做客,你要像个客人的样子,不要乱跑。如果主人家里比较窄小,你可以叫上其他的小客人一起到主人家外不远的地方玩。出去之前,要给家里的人或主人家的人说一声。玩的时候要和和气气,不要打闹甚至弄伤人。千万注意不要一个人乱跑,万一跑丢了,你的爸爸妈妈和主人会多么着急呀,会到处找你。主客本来都高高兴兴的,结果你丢了,全都高兴不起来了。

考考你

1.做客的礼仪要求是什么?
2.做客时为什么不要乱跑?

做客用餐

做客要用餐，

座位莫先占；

不要抢好菜，

也不拖菜碗；

吃饱就下席，

贪吃有弊端。

背后的故事

　　节假日到亲朋好友家去做客，难免会被邀请留下用餐。用餐时要注意一些问题：

　　一是勤用餐巾纸擦净手指和嘴巴。吃鱼、虾或者蟹的时候，经常需要动手，嘴巴上也难免会留下一些痕迹。这时，一定要勤用餐巾纸擦拭嘴巴和手指，否则看起来实在太不雅观，有时甚至会让别人倒胃口。二是吃东西时要小口小口地吃，吞咽时嘴巴要合拢，如此才不会制造声音，干扰别人。喝汤十分容易发出声响，因此用汤匙舀汤时若入口前要吹凉汤匙里的汤，也请小声吹气。三是不要探身去拿对面的饭菜。做客的时候，人往往很多，桌子也会比较大，难免会有菜在对面自己够不着，这时千万不要探起身子去夹，最好

的办法是请你旁边的人帮你传递过来。接过东西后，不要忘了说声谢谢。取菜时，分量要适中，即使是你最喜欢的食物也不能一股脑儿地装在自己碗里。

到客人家里做客吃饭时，有的小朋友有不好的习惯，如吃饭之前悄悄偷肉块吃；用餐的时候，争着抢位置；上桌一看觉得哪样菜好吃，就往自己碗里夹，堆起慢慢吃；有的干脆把那碗好吃的菜拖到自己面前来，贪图吃起来方便一些。这些做法都很不好，你是客人，应该讲礼节。还有就是不要贪吃，特别是好吃的东西，不要吃得太多太饱，好像没吃过似的，这样大家会笑话你的。而且吃得太饱，增加肠胃的负担，会消化不良、呕吐、拉肚子，对身体没有好处。

1.在别人家用餐时要注意些什么？

2.吃得过饱为啥不好？

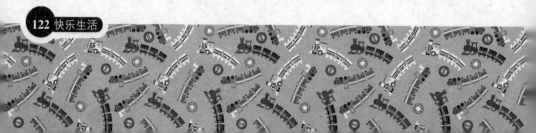

留　宿

做客路途远，
留下住一晚。
注意爱清洁，
洗脚又洗脸。
不要抢床铺，
听从主人便。
床上莫乱跳，
被盖不要蹬一边。

背后的故事

　　到远一点的地方去做客，免不了要留下来，住个一天几天的；或者有的虽然离家近，但是爸爸妈妈有事或想要留下来，如果你不愿留下来，非要回家，甚至大哭大闹，这是不对的。留不留宿，要由主人或爸爸妈妈决定。留宿要注意什么呢？一是要爱清洁、讲卫生。二是不要抢床铺。三是不要嫌弃主人的床铺。四是上床后不要乱跳。五是和别人一起睡觉要有规矩，不要只顾自己，把被盖往自己身上扯。要是别人没盖着，冻感冒了咋办？

　　关于留宿，古代有这么一个故事：一天，某秀才到朋友家做客。天色将晚的时候，忽然下起雨来。他想住下来，但朋友不愿意让他留宿。于是，朋友就在一张纸上写下这样一句话："下雨天留客天

留人不留。"这句话没有标点符号，主人的意思是："下雨天留客，天留人不留。"秀才拿过笔来，在上面加上标点，结果这句话变成了："下雨天，留客天，留人不？留！"这一下，朋友虽然不情愿，但不得不让秀才留宿。

考考你

1. 做客留宿由谁决定？
2. 在别人家里做客留宿，要注意哪些方面？

做客告辞应道谢

做客人告辞，
道谢莫忘记。
不要悄悄溜，
大家会着急。
如果不道谢，
笑你没见识。

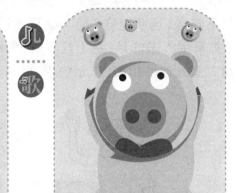

背后的故事

　　在别人家里做客，不管玩多久，都有离开的时候。离开主人家，要注意什么呢？告辞的时候，要向主人说一声，并对主人的关照表示衷心的感谢。千万不要不打招呼，悄悄地溜了。如果家里人和主人不知道你已经回去了，他们会很担心的，会十分着急，派人到处找你。临走道谢的时候，你不妨热情邀请主人和主人家的小朋友到你家去玩。别人送你礼物，你都要真诚地表示感谢。

　　需要注意的是：准备告辞的时候，应选择在自己说完一段话之后，而不是主人或其他人说完一段话之后。同时，告辞前不应有打呵欠、伸懒腰等举止。提出告辞时，主人往往会说上几句"再坐坐"之类的客套话，那只是纯粹的礼节性客套。所以，如果没有非

说不可的话,就要毫不犹豫地起身告辞。告别前,应该对主人的友好、热情等给以适当的肯定,并说一些"打扰了"、"添麻烦了"、"谢谢了"之类的客套话。起身告辞的时候,如果还有其他客人,即使不熟悉,也要遵守"前客让后客"的原则,礼貌地向他们打招呼。如果主人送的话,送上几步后,你可以说"请留步"之类的话,主动向主人伸手相握,以示告别,并请其留步。

考考你

1.在别人家里做客时悄悄溜了,对不对?

2.告辞时,要不要对主人道谢?

生活要自理

独生子，

独苗苗，

洗衣喂饭件件包；

惯儿爸，

惯儿妈，

害儿无能样样糟。

对孩子不能溺爱。溺爱有很多类型：一是特殊待遇。孩子在家庭中的地位高人一等，处处受到特殊照顾，如吃"独食"，好的食品供他一人享用。二是轻易满足。孩子要什么就给什么。有的父母还给幼儿和小学生很多零花钱，孩子就更容易满足了。三是生活懒散。允许孩子的饮食起居、玩耍学习没有规律，要怎样就怎样，睡懒觉，不吃饭，白天游游荡荡，晚上看电视到深夜等。四是包办代替。由于家长的溺爱，三四岁的孩子还要喂饭，还不会穿衣，五六岁的孩子还不会做任何家务事，不懂得劳动的愉快和帮助父母减轻负担。五是剥夺独立权。为了绝对安全，父母不让孩子走出家门，也不许他和别的小朋友玩。六是害怕哭闹。由于从小迁就孩

子，孩子在不顺心时以哭闹、滚地板、不吃饭来要挟父母，溺爱的父母就只好哄骗、投降、依从、迁就。七是当面袒护。有时爸爸管孩子，妈妈护着："不要太严了，他还小呢。"有的父母教育孩子，奶奶会站出来说话："你们不能要求太急，他大了自然会好；你们小的时候，还没有他好呢！"这样的孩子当然是"教"不了了！因为他全无是非观念，而且时时有"保护伞"和"避难所"，其后果是不仅孩子性格扭曲，有时还会造成家庭不和睦。

这是一个真实的故事。有个小学生，每天带一个妈妈替她煮好、剥好壳的鸡蛋到学校去吃。有一天，妈妈忘了剥蛋壳，她可犯难了，拿着鸡蛋左看右看，无从下手，只好不吃，又带回了家。妈妈问她怎么没吃，她竟说："鸡蛋没缝，我怎么吃嘛？"

小朋友，你听了这个故事后，有什么感想？虽然我们大多是独苗苗，爸爸妈妈爷爷奶奶外公外婆几个人把我们护着，过着"饭来张口，衣来伸手"的生活，但这对于我们长大成才并没有什么好处。我们从小要学会生活自理才行呀！

1.你的生活能自理吗？

2.为什么要从小学会生活自理？

家务活

扫扫地，

择择菜，

家务活事事干；

买买面，

买买蛋，

当家理财样样办。

背后的故事

从小学会干家务活，好处可大啦。美国哈佛大学的科学家对美国波士顿地区 456 名少年儿童跟踪调查了 20 年，发现：爱干家务活的孩子与不爱干家务活的孩子相比，长大后的失业率为 1：5。也就是说，从小勤快能干的孩子找到工作的机会要比从小懒惰不干家务活的孩子多出 5 倍！同时，爱干家务活的孩子的收入也要多出20%左右。更为惊人的是，他们发现，爱干家务活的孩子与不爱干家务活的孩子相比，长大后的犯罪率为 1：10。知道了这些事实后，你是不是要争取做一个抢着干家务活的勤快孩子呢？

有一个小学生在作文中写道：一个阳光明媚的星期天，我在家里做了一天的家务活，累得我满头大汗，腰都直不起来，但我很高

兴。那天我一起床吃完饭,就做起家务活来,决心把家里打扫得干干净净。我先拿起扫把,把家里各个角落扫了一遍,再用拖把把家里拖了一遍又一遍,真费劲!我再拿起抹布,沾水后把窗子、桌子等有灰尘的地方擦得像新的一样。做完后我很高兴,心想妈妈回来一定会夸我。一会儿我听见门外有一个熟悉的脚步声,我一打开门,果然是妈妈。妈妈走进家一看,啊,我的乖儿子真勤劳呀!我高兴地笑了起来。在这次干家务活中,我有很大的收获,知道怎样把家里打扫得干干净净,还知道劳动很光荣!

考考你

1.你知道爱干家务活的孩子与不爱干家务活的孩子相比,长大后的失业率比是多少吗?犯罪率比是多少吗?

2.劳动光荣吗?为什么?

要工钱

叠被子，一元钱；
拿报纸，一元钱；
扫房子，一元钱。
妈妈说：
生娃娃，零元钱；
养娃娃，零元钱；
育娃娃，零元钱；
你还好不好意思要工钱？

现在，不少小孩做了家务事后向父母要工钱，有的父母甚至同孩子订有劳务合同。小孩干家务活，该不该向家长要工钱？有一个真实的事例，也许能给你一点启迪。在美国，一个叫杰克的孩子干了家务活后给妈妈开了个劳务清单："叠被子，0.5 美元；浇花，0.5美元；取报 0.5 美元……"母亲看了后，也给杰克开了一个劳务清单："生育费，0 美元；读书费，0 美元；养育费，0 美元……"杰克看了很惭愧，从此以后不计报酬地抢着干家务活，成为一个热爱劳动的好孩子。

有些小孩子为何小小年纪不懂得"知恩图报"的道理，干点家务活就要向父母 "讨价还价" 呢？错的虽然是孩子，根却在家

长身上。

　　最近几年,随着人们生活水平的提高,"掌上明珠"受到了空前的礼遇。这些"小皇帝"不但受到父母的宠爱,还受到爷爷奶奶的格外关照,他们过着衣来伸手、饭来张口的优越生活,根本不懂得生活的艰辛。于是有些父母为了让孩子干点家务活,采取了"物质刺激"手段。用一种物化的手段去教育、熏陶孩子,结出干家务"讨价还价"的恶果就在所难免。干家务本来是家庭成员天经地义的事,力所能及者都应该干,否则,大人又凭啥白干家务活?孩子是祖国的未来,营造什么样的成长环境对孩子来讲至关重要。如果父母从小就教育孩子干家务是分内事,从小就让孩子养成一种自觉干家务的习惯,那么这些孩子还会如此薄情寡义地"伸手要钱"吗?所以,需要反思的不仅是那些向父母"讨要工钱"的孩子们,还有我们大人———那些以不当方式教育孩子的父母们。

考考你

1.子女干家务活该不该向父母要工钱?

2.父母的养育之恩值多少钱?

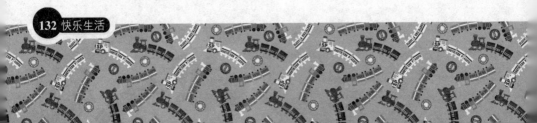

明日复明日

春来不是读书天，

夏日炎炎正好眠，

秋有蚊虫冬又冷，

收拾书箱好过年。

背后的故事

　　小朋友，你做事有"等明天"的习惯吗？如果有，那可不是一个好习惯。拖延，是许多事情失败的重要原因。既然一件事是必须要做的，那今天就把它做了，何必等到明天呢？今天想到还有明天，谁知道明天是不是还有新的事要做呢。明日复明日，事越堆越多，包袱越来越重，"蛇多不咬，债多不愁"，最后干脆就什么事也不做了。结果呢？心中的"拖延老人"站在暗处，伺机毁掉一次次成功的机会，使你一生一事无成，"老大徒伤悲"。不要等明天，今天的事今天抓紧办，成功便在你眼前！

　　鲁迅先生珍惜时间的故事：鲁迅的成功，有一个重要的秘诀，就是珍惜时间。鲁迅十二岁在绍兴读私塾的时候，父亲正患着重

病。两个弟弟年纪尚幼，鲁迅不仅要经常上当铺、跑药店，还得帮助母亲做家务。为了不影响学业，他必须做好精确的时间安排。因此，鲁迅几乎每天都在挤时间。他说："时间就像海绵里的水，只要你愿意挤，总还是有的。"

鲁迅读书的兴趣十分广泛，又喜欢写作，对于民间艺术，特别是传说、绘画也有深切爱好。正因为他广泛涉猎、多方面学习，所以时间对他来说实在非常重要。他的工作条件和生活环境都不好，一生多病，但他每天都要工作到深夜才肯罢休。在鲁迅的眼中，时间就如同生命。"美国人说，时间就是金钱。但我想，时间就是性命。倘若无端地空耗别人的时间，其实无异于谋财害命。"因此，鲁迅最讨厌那些"成天东家跑跑、西家坐坐，说长道短"的人。在他忙于工作的时候，如果有人来聊天或闲扯，即使是很要好的朋友，他也会毫不客气地对人家说："唉，你又来了，就没有别的事好做吗？"

1.你做事有"等明天"的习惯吗？
2.为什么今天的事今天就要抓紧办？

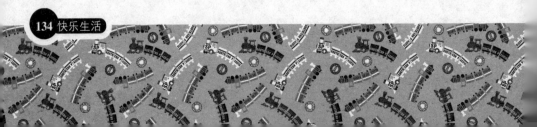

做 饭

爸妈不在家，
自己学做饭。
不必进饭馆，
学会勤和俭。
自泡方便面，
自炒鸡蛋饭。
如有微波炉，
那就更方便。

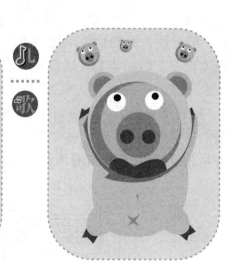

背后的故事

　　从小学一点生活的本领，如做饭，是很有必要的。其实，做饭并不是什么难事，下点面条，炒点鸡蛋饭，只要愿意学，几分钟就能学会。除做饭外，各种家务活都得学会，否则独立成家后就要吃苦头了。据有关部门对几十对独生子女的跟踪调查表明：80％的独生子女家庭不开伙而在父母家"蹭饭"；30％的夫妇自己的脏衣服要拿到父母家里洗；50％的家庭闹过矛盾，主要原因是双方相互埋怨不会做家务，不知道照顾人。看，从小学会做家务，可不是一件小事！

　　有一个小学生在作文中写道：我虽然已经 11 岁了，但我至今不会做饭。不过今天我是躲不过去了，因为今天没人在家，那我就

自己做饭吧。做饭那么简单，我就来试试！对了，我来做蛋炒饭吧！准备工作做好后，我便开始炒了。当我品尝我的劳动成果时，可以说是色香俱佳。但吃的时候觉得有点不对味儿，原来是把糖当做了盐。那重炒一遍吧！啊，油在"跳"时我被弄伤了。还好，我戴着眼镜才没有把眼睛弄伤。最后终于把饭炒好了，我饱餐了一顿。我自言自语道：原来做什么事都那么难呀！从那天起，我暗暗下决心，一定要学会做饭。从做饭中，我知道了不管做什么事都不要被外表"迷惑"（看着别人做觉得很容易），一定要自己做才行，因为有一句话说得好："亲身下河知深浅，亲口尝梨知酸甜。"

考考你

1.家里没有人做饭时，你会怎么办？
2.你会做饭吗？

针线包

衣儿烂，

裤儿烂，

扑哧一声露了腚。

不会针，

不会线，

只好捧着屁股蛋。

背后的故事

　　"小小针线包，革命传家宝，当年红军爬雪山，用它补棉袄；小小针线包，革命传家宝，解放军叔叔随身带，缝补鞋和帽。我们小朋友，接过传家宝，艰苦奋斗好传统，永远要记牢。"这是二十世纪七十年代闻名全国、家喻户晓的一首儿歌，即使今天唱起来，仍然倍感亲切。

　　针线包，一般为布制袋状物体，有一可封闭式开口，用于装放针、线、顶针、小剪子等，为家居必备品。这些年，艰苦奋斗、勤俭持家的观念在人们心中被淡化，大手大脚、互相攀比、贪图享受、挥霍浪费的现象愈演愈烈。在新形势下，艰苦奋斗、勤俭持家的观念过时了吗？没有。虽然生活水平提高了，不再以穿补丁衣服为荣，

但勤俭节约的优良传统永远不会过时。勤俭节约、艰苦奋斗的精神是永恒的，毕竟"历览前贤国与家，成由勤俭败由奢"。

小朋友，你在家里找一找，看有没有针线包？没准能找着。虽然现代社会服务业很发达，但家家户户还要准备针线包，为什么呢？因为就像人免不了有个头痛脑热的时候，衣服被盖也不一定什么时候就划出个口子、裂条缝。总不能有个口子、裂条缝就扔了吧？出门在外，有个针线包在身上也方便多了，哪里裂个口子，取出针线包缝几针就行，免得"临时抱佛脚"，满大街找服装店。因此，平时向妈妈学点穿针引线缝衣服的本领，将来一定能派上用场。

1.你家有没有针线包？你会用针线吗？

2.为什么说勤俭节约、艰苦奋斗的精神是永恒的？

洗　衣

脏衣服，

臭衣服，

穿在身上不舒服。

自己洗，

自己浆，

干干净净少生疮。

　　这是一个真实的故事。有个大哥哥离家在外地读大学，有一天，他发现自己的被子臭不可闻，打长途电话问妈妈该怎么办。妈妈叫他把被子拆下来，在水里放上洗衣粉泡一泡，洗一洗。他照办了，把被子用洗衣粉泡上。可是，由于他从小没洗过衣服，不知道该把泡上洗衣粉的被子怎么办。放在床下盆子里的被子几天后发出难闻的味道，几乎把他和全寝室的同学熏得昏死过去。怎么办？他只好请了假，买了火车票，坐了一天一夜火车，把臭被子拿回家让妈妈洗。你看，从小不学洗衣的本领，一个人独立生活时多难！

　　我们要从小学会独立生活的本领。一个人是一个独立的个体，要想适应未来激烈的社会竞争，首先要有独立的生存能力和生活

能力。独生子女平时要培养自己洗衣服、做饭等基本的生活能力，过度依赖别人只能导致自己的适应能力低下。父母要改变教育观念，不要因为"好心"而对孩子大包大揽，那样会剥夺孩子锻炼独立能力的机会。在周末，独生子女要主动做饭、洗衣服，以及做一些力所能及的家务，培养独立生活的技能，这有助于克服依赖心理。

著名教育家陶行知说："滴自己的汗，吃自己的饭，靠人靠天靠祖上，不算是好汉。"一个人要想成为社会的中坚、民族的栋梁，一定要是一个有着独立生存能力和独立人格的人。希望陶行知的这句话能成为当今独生子女的座右铭。

1.你会洗衣服吗？

2.有必要从小学会洗衣服的本领吗？

小卧室

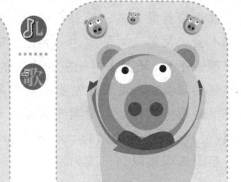

小卧室，

像鸡窝，

乱七八糟好龌龊。

叠好被，

抹好桌，

爸爸妈妈都夸我。

背后的故事

　　中国古代有个书生，虽有鸿鹄之志，却不拘生活小节。有一天，他父亲的朋友提醒他："你应该打扫一下自己的屋子了。"不料书生笑笑说："大丈夫处世，当扫除天下，安事一室乎？"父亲的朋友听后告诫他："一屋不扫，何以扫天下？"保持房间的整洁，给自己创造一个良好的生活、学习小环境，养成讲清洁、爱卫生的好习惯，自己一生都会受益匪浅。据一份调查表明，当年在学校开展的各项课余劳动，如整理房间、缝补衣服、种菜、饲养小动物，对学生们的一生影响都很大。这些劳动习惯，帮助他们战胜了一个又一个困难和挫折。

　　古今中外，凡成大事者，无不从小事做起。可有些同学就是眼

高手低，大事干不了，小事又懒得去做。机会总是给那些有准备的人，平时小事都做不好的人，又怎么能够做成大事呢？如果说你连打字都不会，那又怎么可能成为一名软件工程师？如果说你连一篇文章都没有发表过，又怎么可能成为一名作家？如果说你连游泳都不会，又怎么可能成为一名出色的水手？如果说你连爱自己的家都做不到，又怎么可能成为人民的好公仆？"少年兴则国兴，少年强则国强。"爱国首先要从爱学习做起，用心上好每一节课，认真做好每一次作业。爱国要从爱亲人、爱同学做起，爱国要从爱家园、爱校园、爱环境做起。今天为振兴中华而勤奋学习，明天为创造祖国辉煌贡献自己的力量！

1.不拘生活小节好吗？你有保持房间整洁的习惯吗？

2.为什么说凡成大事者，无不从小事做起？

借　债

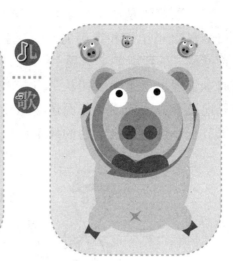

人生难免有困难，

借钱一定按时还。

说话算话信誉好，

下次再借也不难。

量入为出诚为本，

勤俭节约好习惯。

♪儿
┄┄┄┄
歌

背后的故事

　　著名作家易卜生说过一句话："生活一旦以借债为基础，就不再自由美好了。"因此，最好不要向人借债。万一向人借了债，也一定要及时归还，哪怕借的是一角钱。如果你老是借钱不还，背个"老赖"的恶名，你一生的信誉就毁了。

　　生活中要养成量入为出的好习惯，有多少钱买多少东西。还有一个大作家狄更斯调侃说，人生的快乐公式：进款 20 英镑，支出 19 英镑 19 先令 6 便士，结果快乐。忧愁公式：进款 20 英镑，支出 20 英镑 6 便士，结果忧愁。你想想，他这话是什么意思？

　　有这样三个小故事：一是毛泽东要求别人做到的自己首先做到。他一生粗茶淡饭，睡硬板床，穿粗布衣，生活极为简朴，一件睡

衣竟然补了 73 次，穿了 20 年。经济困难时期，他自己主动减薪，降低生活标准，不吃鱼肉、水果。二是英国女王伊丽莎白二世经常说的一句英国谚语是"节约便士，英镑自来"。每天深夜她都亲自熄灭白金汉宫小厅堂和走廊的灯，坚持用的牙膏要挤到一点不剩。三是号称"车到山前必有路，有路必有丰田车"的日本丰田公司。在成本管理上，丰田公司从一点一滴做起，劳保手套破了要一只一只地换，办公纸用了正面还要用反面，厕所的水箱里放一块砖用来节水。这些勤俭节约的故事都值得我们深思。

考考你

1.你能理解易卜生的话吗？你知道狄更斯说的话的含义吗？

2.请你给同学或父母讲一个勤俭节约的故事。

存钱柜

一角钱，一块钱，

存钱柜里存起来。

积少成多一大堆，

换成大钱解小难。

有时身上没钱了，又急需一点钱，一筹莫展时，望望装得满满的存钱柜，眉头便会舒展开了。把平时可用可不用的零钱存起来，积少成多，兴许还能办一件大一点的事或者临时解急解难呢。想买本自己喜欢看的好书家长又不肯给钱的时候，妈妈生病了又无钱买药的时候，老师号召向灾区人民捐款的时候，同学有了困难需要大伙凑钱帮助的时候……找你的存钱柜帮忙吧！

有一个同学在作文中写道：去年夏天，妈妈送给我一个存钱柜，日积月累，我的存钱柜里已经有很多钱了。存钱柜总是不辞辛苦地替我保管着，不让我乱花一分钱。每当我想要乱花钱的时候，它总像在说："不要乱花钱，父母挣钱不容易，乱花钱不是好孩

子。"然后，它就用愤怒的眼睛盯着我，使我惭愧得不再乱花钱了。记得有一次，学校要捐钱，我回到家拿出我的存钱柜，从里面把我好不容易积攒的钱拿了出来。存钱柜鼓励我说："一定要多捐一些，贫困地区的孩子们需要我们的爱。主人，您现在越来越有爱心了。"小小的存钱柜，不仅教会了我要克服一切困难好好学习，还帮助我养成了不乱花钱的好习惯。我一定要保持下去，成为一个品学兼优的好学生。

1.你有存钱柜吗？

2.在什么情况下你会向存钱柜求助？

储　蓄

红萝卜,蜜蜜甜,
过年要的压岁钱。
叔叔拿,阿姨给,
钱包装得满又满。
有了钱,不乱花,
快到银行去存款。
存得多,取得少,
生活不会有困难。

背后的故事

　　生活中经常会发生这样的事:想买的东西买不起,要想解决问题得先存钱。存钱还可以使我们养成不乱花钱、节约和计划开支的好习惯。把钱放在银行里存起来,既安全,还能"钱生钱",得一点利息呢?存钱并不是要我们当守财奴,而是让我们在需要钱的时候有钱可花,能把钱用在刀刃上。

　　有一个同学在作文中写道:在生活、学习中,有许多教我生活、学习的人,如妈妈教我做饭,老师教我做人,其中我印象最深的要数爸爸。上个月,爸爸对我说:"你知不知道'积少成多'这个成语?知识,是一点一点积攒起来的;钱,也是一点一点存起来的。爸爸刚工作时,赚多少就存多少。"爸爸给我说了储蓄的好处,听得我

很想储蓄，于是说："爸爸，那你可不可以帮我开个户头存钱？"爸爸爽快地答应了（"银行"就是爸爸）于是，从那个月起，我就有了"储蓄"这个概念。十天、二十天、一个月后，当我再次去"存钱"时，不知不觉已经攒了很多钱，这对我来说是一笔大数目呀！最后我悟出了一个道理：钱积少成多，能干大事业；知识积少成多，能成为有学问的人；生活经验积少成多，能克服困难，渡过难关。所以，储蓄是好事。我体会到了爸爸让我储蓄的良苦用心：不是单纯地让我把钱存起来，而是教我学会储蓄知识、经验。

1.你会到银行去办理储蓄手续吗？
2.存钱是为了什么？

讨价还价

上街街，买菜菜，

货比三家是乖乖。

当家才知柴米贵，

讨价还价理应该。

背后的故事

你同爸爸妈妈一起出去买过菜吗？你同爸爸妈妈一起进商店购过物吗？你看见过爸爸妈妈同售货员讨价还价吗？你也许会怪妈妈啰嗦、爸爸小气，但很多时候讨价还价是必要的，而且还应货比三家。因为同样的产品，生产厂家不同，质量、性能和价格等方面就有不同，只有在比较中才能买到质优价廉的产品。挣钱不易，花钱更要慎重，要使买的东西"物有所值"。当然，有的地方买东西是不能讨价还价的，比如超级市场。如果你选择在信誉好的超级市场购物，就省了讨价还价的麻烦了。

有一个同学说：以前我总认为讨价还价很丢脸，而我妈妈总为了几块钱和卖主争论半天。可慢慢地，我发现讨价还价也是一种美

德。中国妇女讨价还价的行为正体现了她们勤俭持家，体现了中华民族的传统美德——节约。毛主席说过："节约光荣，浪费可耻。"而讨价还价就是精打细算，决不浪费一分钱。我们中国有13亿人口，如果每人节约一分钱，那就是1300万元，可以做很多事了。同学们，让我们加入到讨价还价的行列中来吧！

1.讨价还价好不好？

2.购物时你会讨价还价吗？在什么地方购物不能讨价还价？

压岁钱

过大年,好喜欢,

大家给我压岁钱。

压岁钱,给爸妈,

爸妈帮我来保管。

我要开支压岁钱,

也要爸妈把头点。

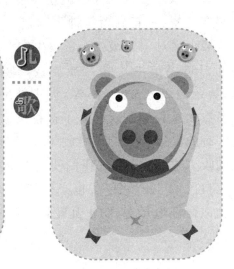

背后的故事

　　每年春节,小朋友都会收到很多压岁钱。关于压岁钱,有一个典故。传说很久以前,有一种怪兽叫"岁",它特别喜欢玩弄小孩,轻者让小孩生病,重者把小孩吃掉。每年除夕夜,它都要到民间来一趟。在一座古老的山上住着一对老夫妇,他们晚年得子,非常疼爱,生怕他受到任何伤害。那年大年三十晚上,老夫妇怕"岁"来折腾自己的孩子,便一刻都不敢离开,紧紧地守在他的身边,一直守到下半夜。后来,老两口也累了,于是就拿了枚铜钱给小孩玩。正当老两口睡着的时候,"岁"又来了,但它见钱眼开,一看到钱,就不再逗那个小孩子玩了,那小孩最终平安无事。第二天早上,老夫妇知道"岁"已经来过,而自己的小孩安然无恙,高兴极了,从

此以后,每年除夕夜都给小孩钱,用来压"岁"。后来,年三十晚上大人给小孩压岁钱的风俗就这样传了下来,而且大年三十晚上大家都要守岁,一直到新年钟声响起。

　　某小学对一年级 156 名学生的"压岁钱"进行调查发现:春节期间,156 名学生共得 "压岁钱"7840 元,其中最多的得了 3000元,其余的 20～500 元不等。调查结果还表明:学生的"压岁钱"绝大多数由家长控制,存入了银行。家长有权代管你的 "压岁钱"吗?有的。因为我们是未成年人,家长是我们的监护人,有权对我们的收入进行保管,对我们使用"压岁钱"进行监督。所以,即使是花自己的"压岁钱",也必须征得父母的同意。这样,家长可以帮助你合理地开支,防止乱花钱,养成简朴、节约的好习惯。

考考你

1.你知道"压岁钱"的来历吗?

2.家长有权帮你保管"压岁钱"吗?为什么使用"压岁钱"要征得家长的同意?

过火的玩笑

玩笑过火，

笑死娃娃。

幽默适度，

不伤大雅。

背后的故事

在适当的场合开些有分寸的玩笑，是人们之间交往的一种有益方式。幽默风趣的玩笑，有时还能达到活跃气氛、化解尴尬的效果。但是，任何事情都要有个度，开玩笑超过了"度"，开得"过火"，或在不该开玩笑的场所开了"危险的玩笑"，有时就会产生严重后果。

1999 年 9 月 30 日，年仅 12 岁、刚考上中学的淄博市张店区三中学生殷宝军，在课间休息时，与同学打闹，被同学用手挠胳肢窝儿，结果"笑"死了。一个玩笑把人开死了，多可怕！讲这个事例的目的，并不是要阻止同学之间开玩笑，而是说做任何事都要有个"度"，不要把玩笑开得过分了。

在特定的场所和特定的工作时间，有些玩笑是不能开的，否则会导致严重后果。如多年前，一个女青年在车间里手持剪刀工作，其男朋友来车间找她。为了开玩笑，男友站在女孩子的背后，用手把女友的眼睛蒙住。女友突然受惊，持剪刀的手本能地往后一扎，剪刀刺到男友身上，男友当即被送到医院抢救。又如一女子站在窗户上擦玻璃窗，一邻居上其家时开玩笑大喊一声。该女子受惊，从窗户上摔下，引发医药费赔偿纠纷。凡此种种，说明在不适合开玩笑的场所开玩笑，是会出恶果的，有时甚至会引发悲剧。开玩笑开过了头，如同一把看不见的刀，会伤害人的心、伤害人的身体，所以大家要吸取教训，只开文明、有分寸、安全的玩笑，不开丑陋、过度、危险的玩笑。

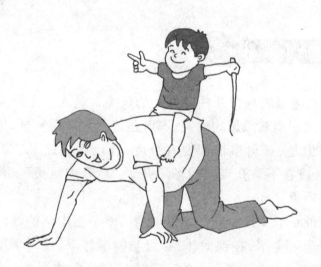

考考你

1.同学间能开玩笑吗？

2.为什么不要开过火的玩笑？

千万别沾

"白粉"面面，

"摇头"丸丸，

好像魔鬼，

千万别沾。

一沾上瘾，

走向深渊。

　　吸毒对社会有很大的危害：一是对家庭的危害。家庭中一旦出现了吸毒者，家便不成其为家了。吸毒者在毁灭自我的同时，也会破坏自己的家庭，使家庭陷入经济破产、亲属离散，甚至家破人亡的境地。二是对社会生产力的巨大破坏。吸毒首先会导致身体疾病，影响生产；其次是造成社会财富的巨大损失和浪费；再次还会使环境恶化，缩小人类的生存空间。三是扰乱社会治安。毒品活动会诱发、加剧各种违法犯罪活动，扰乱社会治安，给社会安定带来巨大威胁。

　　据世界卫生组织统计，全世界每年大约有十万人死于吸毒过量，一千万人因吸毒而丧失劳动力。无数活生生的事例告诉我们，

毒品的最危险之处在于它的极易成瘾性：只尝一下，绝不再尝第二次的思想害了不少人。而只要你尝了第一口，就想尝第二口，直至将你毁灭。那些贩毒的人往往就是利用了人们对毒品的好奇心，使人上当受骗，以致无力自拔。现在，全世界流行一句口号：最好的戒毒办法是：千万不要去尝试第一口。为了你和爱你的家人，请拒绝任何诱惑，远离毒品！

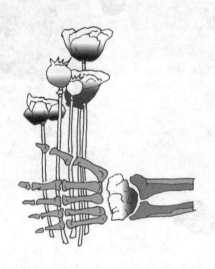

考考你

1.毒品可以尝一尝吗？
2.为什么要远离毒品？

钱

百万富翁大商家，
养了一个宝贝娃。
不学习，不劳动，
讲吃讲穿讲玩耍。
又吸白粉又赌钱，
偷了自家偷邻家。
左邻右舍都害怕，
送去监狱教育他。

背后的故事

　　世界首富比尔·盖茨只准备把自己巨额财产的少数留给儿女，因为他打算让两个孩子自己去奋斗。他有高达 720 亿美元的财产，但他说，为了让孩子过上正常的童年，让他们能够依靠自己的能力生活，他不会把自己亲手创办的微软公司留给他们，而只给他们每人 1000 万美元遗产，加上一所价值 5000 万美元的房产。比尔·盖茨这样做对吗？对！中国有句古话：富不过三代。为什么呢？因为过多的金钱使富家子弟不思进取，过着骄奢淫逸的生活，这些"败家子"很快就会将父辈留下的财产挥霍一空。

　　目前在美国，即使一些尚称不上是亿万、百万富翁的企业界人士，也愿意把财产捐献给慈善组织。这些商人认为：他们有回馈社

会的义务。这些富翁并非不爱子女，而是不想让孩子成为现成的富翁，他们担心孩子轻易得到巨额财产会抑制孩子的才能，使子女成为只会守财、享乐而不具有创造力的人，甚至会将他们推向堕落的深渊。

这种担心是有道理的。1992 年，三位美国经济学家经过调查，证实了继承巨额财产会毁掉一个人这种观点。他们发现，继承财产超过 15 万美元的人有近 20％不再工作，有的整天沉湎于吃喝玩乐，直至倾家荡产；有的则一生孤独，甚至出现精神问题，干出违法犯罪的事。

1. 比尔·盖茨为什么不准备把他的巨额财产多留一些给子女？

2. 为什么会出现"富不过三代"的现象？